高等职业教育新业态新职业新岗位系列教材

通信工程制图（AutoCAD）实例化教程

吴清海　何飞勇　周继彦　主　编
黄雄平　周克强　李廷渊　副主编

电子工业出版社·
Publishing House of Electronics Industry
北京·BEIJING

内 容 简 介

本书依据通信工程勘测设计岗位技能要求，结合通信工程制图规范与标准，参考计算机辅助设计绘图员技能鉴定相关内容，将 AutoCAD 2022 作为绘图工具，通过 8 个项目，介绍了识读通信工程图纸、绘制传输工程系统框图、绘制传输机柜光缆成端平面图、绘制基站设备平面图、绘制天馈线系统安装图、绘制传输管道平面图、绘制室内分布系统图、计算机辅助设计技能鉴定等内容。

本书采用项目化教学方式进行内容组织，以切合课堂设计的特点，通过实战项目的方式，让读者在实践中逐步掌握通信工程制图的技能和方法。本书结合了实际 5G 网络工程案例，融入了工程工匠、科技报国、青年寄望等思政元素，旨在培养学生的通信工程岗位职业技能和素养，提升其综合能力。

本书可作为高职高专院校通信技术类专业的教材，还可作为计算机辅助设计绘图员技能鉴定考证的参考书，也可作为从事通信工程勘测设计等方面工作的工程技术人员的参考书。

图书在版编目（CIP）数据

通信工程制图（AutoCAD）实例化教程 / 吴清海，何飞勇，周继彦主编. -- 北京：电子工业出版社，2024.

12. -- ISBN 978-7-121-49871-8

Ⅰ. TN91

中国国家版本馆 CIP 数据核字第 2025W2L782 号

责任编辑：王昭松

印　　刷：三河市兴达印务有限公司

装　　订：三河市兴达印务有限公司

出版发行：电子工业出版社

　　　　　北京市海淀区万寿路 173 信箱　邮编　100036

开　　本：787×1 092　1/16　印张：15.75　字数：413 千字

版　　次：2024 年 12 月第 1 版

印　　次：2024 年 12 月第 1 次印刷

定　　价：56.00 元

凡所购买电子工业出版社图书有缺损问题，请向购买书店调换。若书店售缺，请与本社发行部联系，联系及邮购电话：（010）88254888，88258888。

质量投诉请发邮件至 zlts@phei.com.cn，盗版侵权举报请发邮件至 dbqq@phei.com.cn。

本书咨询联系方式：（010）88254015，wangzs@phei.com.cn，83169290（QQ）。

前　言

随着信息技术的高速发展和应用领域的不断拓宽，互联网已经融入现代社会生产生活的各层面，对经济建设、社会发展、国家治理和人民生活等产生了重大影响。党的二十大报告对加快建设网络强国做出了重要战略部署，高质量推进网络强国建设已经成为社会主义现代化国家建设的重要内容。

通信工程建设是整个通信网络建立物理连接的基础，为了满足 5G 网络工程建设、通信工程维护岗位的要求，培养具备通信工程勘测设计技能、富有科技强国志向、拥有勇攀科学高峰精神的新一代通信工程岗位工匠，我们组织编写了本书。

本书根据当前高等职业院校学生和教学环境的现状，结合职业需求，采用"岗课赛证"融通的设计思路，基于通信工程勘测设计岗位要求、计算机辅助设计绘图员认证标准，对接"5G 组网与运维"大赛内容，引入企业实际工程，融入课程思政，遵循职业学习和成长规律，校企合作开发了 8 个项目，12 个任务。

全书有 8 个项目，绘图教学软件使用的是 AutoCAD 2022。项目 1 为识读通信工程图纸，项目 2 为绘制传输工程系统框图，项目 3 为绘制传输机柜光缆成端平面图，项目 4 为绘制基站设备平面图，项目 5 为绘制天馈线系统安装图，项目 6 为绘制传输管道平面图，项目 7 为绘制室内分布系统图，项目 8 为计算机辅助设计技能鉴定。大多任务训练被分为【任务背景】【任务目标】【任务要求】【任务分析】【任务实施】五部分。内容编写采取项目式教学模式，为师生开展项目式教学提供模块化的知识内容和实践安排，项目案例均改编自企业实际工程，可根据专业要求适当取舍，选择相关项目教学。

本书由广东科学技术职业学院吴清海、何飞勇、周继彦任主编，黄雄平、周克强、李廷渊任副主编。

在本书编写过程中，编者参考、引用和改编了国内出版物中的相关资料和行业相关资料，并得到了合作企业广东维一科技有限公司的大力支持，得到了广东科学技术职业学院各位领导、老师的大力支持，同时得到了电子工业出版社编辑的指导和支持，在此表示诚挚的感谢。

由于编者水平有限，书中难免会有不妥之处，恳请广大读者批评指正。

编　者

2024 年 4 月

目　　录

项目 1

识读通信工程图纸

 项目要求

【知识目标】
◆ 了解通信工程建设程序和分类。
◆ 掌握通信工程图纸设计图的要求。
◆ 能解读通信工程图纸。
◆ 了解 AutoCAD 2022。

【能力目标】
◆ 熟悉通信工程建设过程。
◆ 熟悉通信工程设计图的制作要求。
◆ 能识读通信工程图纸。
◆ 会使用 AutoCAD 打开工程文件。

1.1 了解通信工程

1.1.1 通信工程项目建设程序

我国的通信产业已经进入成熟稳定发展阶段，随着经济和科技的快速发展，通信市场持续扩大，通信工程也应运而生。通信工程是指通信系统工程设计、组网和设备施工，它主要包括天线的架设、通信线路的架设和敷设、通信设备的安装和调试、通信附属设施的施工等内容。通信工程建设程序基本可以划分为立项、实施、验收三个阶段，每个阶段可以划分为几个环节，如图 1-1 所示。在具体实施时需要根据通信工程的类型和技术条件要求来增减相应环节。

1. 项目建议书

项目建议书是建设单位从项目的目的性、必要性、长远计划、经济效益、社会效益等方面对计划建设项目进行全面分析，并以申报书的形式向上级主管单位提出的建议文件。

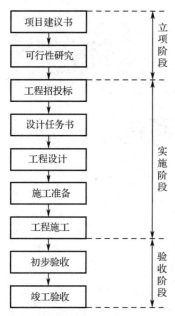

图 1-1　通信工程建设程序图

2．可行性研究

可行性研究是主管单位依据国民经济计划与通信规划，对重大建设项目在技术和经济上是否合理和是否可行进行的分析、论证、评估。主管单位通过比较多种方案，提出评价意见，向建设单位推荐建设方案，并形成可行性研究报告，进而为项目决策、编辑和审批设计任务书提供依据。

3．工程招投标

招标分为总承包招标和分项招标两类。招标程序包括招标准备、投标准备、开标评标、决标签约四个阶段。投标单位根据招标文件提出的各项技术要求，在满足技术要求的前提下，提出合理的报价、设计周期、施工周期、交付周期等，并将相关内容以商务标书的形式交给招标单位，争取获得承包权。

4．设计任务书

设计任务书是根据可行性研究报告编写的工程建设方案，是工程建设的基础文件，也是工程设计的主要依据。设计任务书需要报送主管部门审核，在获批生效后，才可以启动工程建设。

5．工程设计

工程设计是指按照国家相关政策、法规、技术规范，根据批准的设计任务书，在规定范围内，结合工程综合技术可行性、先进性，按照工程建设需求及现场勘测获得的基础资料、数据和技术标准，设计出工程施工图纸，编制工程项目概预算文件。规模较小的项目采用一阶段设计，中型项目采用二阶段设计，重大项目采用三阶段设计，即初步设计阶段、技术设计阶段、施工图设计阶段。

6．施工准备

施工准备主要内容有参与施工图设计审查、现场勘察、签订施工合同、编制施工组织计划、制定建设工程管理制度、进行三通一平[①]、递交开工报告。在得到建设方批准后即可正式进场施工。

7．工程施工

施工单位组织人员、物资、机械仪器设备、后勤供应等生产要素，按照工程设计的技术要求，有序开展施工。要求保障施工安全、工程质量，保证施工进度，按期竣工。

---

① 三通一平中的三通指的是通电、通路、通水，一平指的是土地平整。

8. 初步验收

施工单位完成施工任务后将进行自检，通过自检后按规定和要求的内容、格式整理交工文件和初步验收申请书，向建设单位送出交工验收通知。建设单位在接到通知后组织初步验收，并在初步验收通过后向上级主管部门报送初步验收报告。

9. 竣工验收

初步验收完成后，建设单位根据设计文件的规定进行试运转。在完成试运转后，建设单位向上级主管部门报送试运转结果，并申请组织竣工验收。经上级主管部门审查上报文件，符合竣工验收条件后，主管部门组织相关部门进行单项和整体竣工验收，并拟出验收结论，颁发工程验收证书。

1.1.2   通信工程项目分类

为了加强通信建设管理，规范通信建设市场行为，确保通信建设工程质量，原邮电部发布了《通信建设工程类别划分标准》。该标准按建设项目、单项工程将通信建设工程划分为一类工程、二类工程、三类工程、四类工程。设计单位和施工企业应当根据各自的资质和规模，按规定承建对应的工程，不允许低级别的单位或企业承建高级别的工程。

建设项目是指按一个总体规划或设计建设的，由一个或若干个内在相互联系的单项工程组成的工程总和。建设单位是指经济上实行统一结算，行政上有独立的组织形式，实现统一管理的建设单位，如一个工厂、一所学校。

单项工程是指具有独立的设计文件，建成后能够独立发挥生产能力或使用功能的工程项目，如学校中的教学大楼、图书馆、实验室、学生宿舍等。

1. 按建设项目划分

通信建设工程类别划分表如表 1-1 所示，通信建设项目符合对应条件之一，即可划分为该类工程。

表 1-1   通信建设工程类别划分表

工程类别	条件
一类工程	1. 大、中型项目或投资在 5000 万元以上的通信工程项目 2. 省际通信工程项目 3. 投资在 2000 万元以上的部定通信工程项目
二类工程	1. 投资在 2000 万元以下的部定通信工程项目 2. 省内通信干线工程项目 3. 投资在 2000 万元以上的省定通信工程项目
三类工程	1. 投资在 2000 万元以下的省定通信工程项目 2. 投资在 500 万元以上的通信工程项目 3. 地市局工程项目
四类工程	1. 县局工程项目 2. 其他小型项目

2. 按建设单项工程划分

通信建设单项工程划分表如表 1-2 所示。

表 1-2　通信建设单项工程划分表

建设项目	单项工程	备注
长途通信光（电）缆工程	1. **省段**光（电）缆分路段线路工程（包括线路等） 2. **终端站、分路站、转接站、数字复用设备及光（电）设备安装工程 3. **光（电）缆分路段中继站设备安装工程 4. **终端站、分路站、转接站、中继站电源设备安装工程（包括专用高压供电线路工程） 5. **局进局光（电）缆、中继光（电）缆线路工程（包括通信管道） 6. **水底光（电）缆工程（包括水线房建筑及设备安装） 7. **分路站、转接站房屋建筑工程（包括机房、附属生产房屋、线务段、生活房屋、进站段通信管道）	进局及中继光（电）缆工程按城市划分单项工程。 同一项目中较大的水底光（电）缆工程按项划分单项工程
微波通信干线工程	1. **省段微波站微波设备安装工程（包括天线、馈线等） 2. **省段微波站复用终端设备安装工程 3. **省段微波站电源设备安装工程（包括专用高压供电线路工程）	微波二级干线工程可按站划分单项工程
地球站通信工程	1. 地球站设备安装工程（包括天线、馈线） 2. 复用终端设备安装工程 3. 电源设备安装工程（包括专用高压供电线路工程） 4. 中继传输设备安装工程	
移动通信工程	1. **移动交换局（控制中心）设备安装工程 2. 基站设备安装工程 3. 基站、交换局电源设备安装工程 4. 中继传输线路工程	中继传输线路工程（如彩微波线路），可参照微波干线工程增列单项，若采用有线线路，则可参照市话线路工程增列单项
长途电信枢纽工程	1. 长途自动交换设备安装工程 2. 长途人工交换设备安装工程 3. 载波设备安装工程 4. 微波设备安装工程（包括天线、馈线） 5. 微波载波设备或数字复用设备安装工程 6. 会议电话设备安装工程 7. 通信电源设备安装工程 8. 无线电终端设备安装工程 9. 长途进局线路工程 10. 通信管道工程 11. 中继线路工程（包括终端设备） 12. 弱电系统设备安装工程（包括小型交换机、监控设备等） 13. 专用高压供电线路工程 14. 数据通信设备安装工程	传真设备安装工程视工程量大小可单独作为单项工程或并入人工电报设备安装单项工程。 同一建设项目中的收、发信台分地建设时，电源、天线、馈线、遥控线、房屋、专用高压供电线路、台外道路等均可分别作为单项工程

续表

建设项目	单项工程	备注
市话通信工程	1.**分局交换设备安装工程 2.**分局电源设备安装工程（包括专用高压供电线路） 3.**分局用户线路工程（包括主干及配线电缆、交接及配线设备、集线器、杆路等） 4.通信管道工程 5.中继线路工程（包括音频电缆、PCM 电缆、光缆） 6.中继线路数字设备安装工程	市话网路设计可纳入总体部分的综合册不作为单项工程。 专用高压供电线路的设计文件由承包设计单位编制，概预算及技术要求纳入电源单项工程，不另列单项工程

1.2 通信工程设计

1.2.1 通信工程设计基础

1. 通信工程设计定义

通信工程设计是根据项目建设要求和获批的可行性研究报告，对拟建工程的技术、经济、资源、环境等进行深入细致分析，结合现行技术标准、科学技术、工作经验、创造性的设计，编制设计文件和绘制设计图的过程。通过进行工程设计，工程的建设流程、技术要求、施工工艺、设备选型、空间结构、建筑群间的联系等信息都被清晰明了地描绘在设计图上。设计图直接指导工程建设和施工全过程，是工程建设、技术达标、质量合格的重要依据。通信工程设计是通信工程项目建设的基础，是技术先进性、可行性，以及项目建设的经济效益和社会效益的综合体现。

通信工程设计根据工程规模和性质的不同可以分为三个阶段。对于规模较小、技术成熟、能够套用标准设计的工程，直接进行施工图设计，称为一阶段设计；对于中型工程，进行初步设计、施工图设计两个阶段，称为二阶段设计；对于大型和特殊工程或技术比较复杂的工程，进行初步设计、技术设计、施工图设计三个阶段，称为三阶段设计。

2. 初步设计

初步设计是指根据获批的可行性研究报告，相关设计标准、规范，以及现场勘测获得的基础设计资料编制设计文件。初步设计的主要任务是确定项目的建设方案、对设备进行选型、编制工程项目的总预算文件，从多方面对设计方案及重大技术进行技术可行性分析，对多种方案进行比较论证，编写方案总评。

3. 技术设计

技术设计是指根据已批准的初步设计，针对设计中比较复杂的项目、遗留的问题或特殊的需求，通过更详细的设计和计算，进一步研究和阐明可靠性、合理性，准确地解决主要技术问题，为设计文件编写重大技术说明书、确定解决方案、明确施工工艺、修订预算文件等。

4. 施工图设计

施工图设计是指进一步细化和具体化确定的初步设计准则和设计方案，使其更翔实。设计图要求标明建筑物的位置及设备、空间结构的尺寸，说明安装设备的配置关系、布线方式、施工工艺，确定设备型号，提供材料明细表、工程量表，绘制施工详图。施工图设计应满足设备、材料的订货要求，施工图预算的编制要求，设备安装工艺及其他施工技术要求等。

单项工程施工图应简要说明该工程初步设计方案的主要内容并对修改部分进行论述，注明有关批准文件的日期、发文字号及文件标题，并且包含详细的工程量表、完整线路图、建筑安装施工图、设备安装施工图，以及工程项目的各部分工程详图和零部件明细表。

5. 通信工程设计的原则

（1）必须贯彻执行国家基本建设方针、通信技术政策、经济政策；合理利用资源，重视环境保护。

（2）必须保证通信质量，做到技术先进、经济合理、安全可靠、适应性强；满足施工、运营和使用维护的需求。

（3）设计中应对多种方案进行，兼顾近期与远期通信发展的需求，合理利用已有的网络设施、装备和资源；保证建设项目的经济效益和社会效益；尽可能降低工程造价和维护成本。

（4）设计采用的产品必须符合国家标准和行业标准，在工程中不得使用未经实验和鉴定合格的材料和设备。

（5）必须坚持科技进步的方针，广泛采用适合我国国情的国内外成熟的先进技术和先进材料及设备。

（6）全面考虑系统的容量、业务流量、投资额度、经济效益和发展前景；保证系统正常工作的其他配套设施和结构合理，以便施工、安装、维护等。

6. 通信工程设计的主要内容

通信工程设计的主要内容一般有系统的传输设计、电/光缆线路的设计、设备安装设计。系统的传输设计包括电/光缆传输系统的一般要求、系统传输的指标、系统传输的具体设计。电/光缆线路设计包括线路路由的选择、电/光缆的选择、电/光缆的敷设方式、电/光缆的防护设计、中继站的设计。设备安装设计包括设备选型原则，以及终端站、转接站设备的安装设计。

设计工作过程可以归纳如下。

（1）设计委托书的送达。

（2）对可行性研究报告和专家评估报告的分析。

（3）工程技术人员的现场勘察。

（4）初步设计。

（5）施工图设计。

（6）编制概预算。

（7）设计文件的编制出版。

（8）设计文件的会审。

（9）对施工现场的技术指导及对客户的回访。

已形成的设计文件是进行工程建设、指导施工的主要依据，它主要包括设计说明、工程投资概预算和设计图三部分。

1.2.2 通信工程设计图

1. 通信工程设计图的意义

通信工程设计图的意义在于体现网络现状和设计方案，以及有效指导施工。

（1）体现网络现状：网络拓扑图应准确体现网络结构，并准确反映电路类型、接口数量及外部网络连接情况。平面图应与实际相符，机房平面尺寸、方位应准确，设施位置、布局朝向等应与实际相符，设备型号、规格、数量应正确，设备端口占用与空闲等情况应描述准确。

（2）体现设计方案：设计图应正确描述系统网络拓扑结构、节点设备、电路类型；清晰说明增、拆、改情况；有效描述设备安装位置，以及线缆、路由、端口资源等的变化情况。各种图纸应与系统原理图相呼应。

（3）有效指导施工：设备安装方案应合理可行，符合各种规范，具有可操作性；设备线路应可维护、易维护。只有清晰体现器材资源需求情况，才能准确准备材料、申请资源。只有充分的细节统计才能有效指导施工。充分的细节设计是指提供必要的安装工艺要求、材料加工大样图，提供资源占用规则、端口分配规则示意图。同时，设计图应体现远期扩容规划，准确描述工程施工次序、割接方案等。

设计绘图之前应做好充分的准备工作，如准备好网络现状资料、规划设计方案、设备产品资料、现场勘察资料等。设计图包括设计、施工的分工界面，系统主体网络及配套网络现状，设备安装平面图，设备的通信端口资源分配图，各种施工示意图，零部件加工大样图。

2. 通信工程设计图的要求

通信工程设计图的总体要求如下。

（1）根据表述对象的性质、论述的目的与内容，选取适宜的图纸及表达方式，以便完整表述主题内容。当有多种方式可以达到目的时，应采用最简单的方式。例如，在描述系统时，既可以用框图，又可以用电路图，则应选择框图；当单线表示法和多线表示法均能明确表达时，宜使用单线表示法；当多种画法均可以达到表达目的时，图纸宜简不宜繁。

（2）图面应布局合理，排列均匀，轮廓清晰，便于识别。

（3）应选取合适的图线宽度，避免图中的线条过粗或过细。标准通信工程制图中的图形符号和线条除有意加粗者外，一般是粗细统一的，一张图纸上要尽量统一。但是，不同大小的图纸（如 A1 图纸和 A4 图纸）可以不相同，为了便于查看，大图的线条可以相对粗些。

（4）正确使用国家标准和行业标准规定的图形符号。若需要派生新的符号，则派生的符号应符合国家标准图形符号派生规则，并且应在适当的地方加以说明。

（5）在保证图面布局紧凑和使用方便的前提下，应当选择适合的图纸幅面，使原图大小适中。

（6）应准确地按规定标注各种必要的技术数据和注释，并按规定进行书写和打印。

（7）工程设计图应按规定设置图衔，并按规定的责任范围签字，各种图纸应按规定的顺序编号。

（8）总平面图、机房平面布置图、移动通信基站天线位置及馈线走线图应设置指北针。

（9）对于线路工程，设计图应按照从左往右的顺序绘制，并设指北针。线路图按"起点至终点，分歧点至终点"原则分段。

1.3　通信工程图纸组成

通信工程图纸是在对施工现场进行仔细勘察和认真搜索资料的基础上，通过图形符号、文字符号、文字说明及标注来表达具体工程性质的一种图纸。它是通信工程设计的重要组成部分，是指导施工的主要依据。通信工程图纸中包含路由信息、网络设备配置安放情况、技术数据、主要说明等内容。

工程施工技术人员通过阅读图纸能够了解工程规模、工程内容，还能统计出工程量并编制工程概预算文件。只有准确的通信工程图纸，才对通信工程施工有正确的指导性意义。因此，通信工程技术人员必须掌握通信工程制图方法。

为了使通信工程图纸符合施工、存档和维护要求，要求设计的通信工程图纸做到规格统一，画法一致，图面清晰，以提高设计效率、保证设计质量、适应通信工程的建设需要。要求依据表 1-3 中的国家及行业标准编制通信工程制图与图形符号标准。

表 1-3　编制通信工程制图与图形符号标准

标准号	标准中文名
GB/T 4728—2022	《电气简图用图形符号》
GB/T 50104—2022	《建筑制图标准》
GB/T 20257.1—2017	《国家基本比例尺地图图式　第 1 部分：1∶500　1∶1000　1∶2000 地形图式》
GB/T 14689—2008	《技术制图　图纸幅面和格式》
GB 51158—2015	《通信线路工程设计规范》
GB 50373—2019	《通信管道与通道工程设计标准》
GB 50311—2016	《综合布线系统工程设计规范》
YD/T 5183—2010	《通信工程建设标准体系》
YD/T 5015—2015	《通信工程制图与图形符号规定》
YD 5178—2017	《通信管道人孔和手孔图集》

1.3.1　图纸幅面

通信工程图纸幅面和图框大小应符合 GB/T 6988.1—2008《电气技术用文件的编制　第 1 部分：规则》的规定，采取 A0、A1、A2、A3、A4 及 A3、A4 加长的图纸幅面。当上述幅面不能满足要求时，可按照 GB/T 14689—2008《技术制图　图纸幅面和格式》的规定加大幅面，也可在不影响整体视图效果的情况下分割成若干张图来绘制。

根据表述对象的规模、所要表达的详细程度、有无图衔及注释的数量来选择合适的图纸幅面。图纸幅面和图框尺寸可以参考表 1-4 进行设置。在实际应用中，通信工程图纸大多使用 A3 图纸、A4 图纸。

表 1-4　图纸幅面和图框尺寸

幅面代号	A0	A1	A2	A3	A4
图框尺寸（$B×L$）	841mm×1189mm	594mm×841mm	420mm×594mm	297mm×420mm	210mm×297mm
侧边框距（c）	10mm			5mm	
装订侧边框距（a）	25mm				

1.3.2　图线形式及其用途

（1）图线形式及其用途应符合如表 1-5 所示的规定。

表 1-5　图线形式及其用途

图线名称	图线形式	一般用途
实线	——————	基本线条：图纸主要内容用线，可见轮廓线
虚线	- - - - - - -	辅助线条：屏蔽线、机械连接线、不可见轮廓线、计划扩展内容用线
点画线	—·—·—·—·—	图框线：分界线、结构图框线、功能图框线、分级图框线
双点画线	—··—··—··—··	辅助图框线：表示更多的功能组合或从某种图框中区分不属于它的功能部件

（2）图线宽度一般从以下系列中选用：0.25mm、0.35mm、0.5mm、0.7mm、1.0mm、1.4mm。

（3）通常宜选用两种宽度的图线，粗线宽度为细线宽度的两倍，主要图线采用粗线，次要图线采用细线。对于复杂的图纸也可以采用粗、中、细三种宽度的线，线的宽度按每次 2 倍的幅度依次递增。需要注意的是，线宽种类不宜过多。

（4）在使用图线绘图时，应使图形的比例和配线协调恰当、重点突出、主次分明。在同一张图纸上，按不同比例绘制的图样及同类图形的图线粗细应保持一致。

（5）应使用细实线作为常用线条。在以细实线为主的图纸上，粗实线主要用于绘制图纸的图框及需要突出部分。指引线、尺寸标注线应使用细实线。

（6）当需要区分新安装的设备时，宜用粗线表示新建，用细线表示原有设施，用虚线表示规划预留部分。在改建的电信工程图纸上，需要表示拆除的设备及线路用"×"标注。

（7）平行线之间的最小距离不宜小于粗线线宽的 2 倍，且不得小于 0.7mm。在使用线型及线宽表示图形用途有困难时，可用不同颜色进行区分。

1.3.3　图纸比例

平面布置图、线路图、区域规划图、设备安装图、零件加工图等应按比例绘制，绘图比例如表 1-6 所示。方案示意图、系统图、原理图等可不按比例绘制，但应按工作顺序、线路走向、信息流向排列。

表 1-6　绘图比例

图纸类型	绘图比例
平面布置图、线路图、区域规划图	1∶10、1∶20、1∶50、1∶100、1∶200、1∶500、1∶1000、1∶2000、1∶5000、1∶10000、1∶20000 等
设备安装图、零件加工图	1∶1、1∶2、1∶4 等

1.3.4　尺寸标注

尺寸标注主要由尺寸数字、尺寸界线、尺寸线、起止符号等部分组成。

（1）除标高、总平面图和管线长度的尺寸数字单位为米（m）外，其他尺寸数字的单位均应为毫米（mm）。按此原则标注的尺寸数字可不加单位；若采用其他单位时，应在尺寸数字后面加注单位。

（2）尺寸界线应用细实线绘制，且宜由图形轮廓线、轴线或对称中心线引出，也可将轮廓线、轴线或对称中心线作为尺寸界线。

（3）尺寸线的终端可以采用箭头或斜线两种形式，但在同一张图中只能采用一种尺寸线终端形式，不得混用。

1.3.5　字体及写法

（1）图中书写的文字（包括汉字、字母、数字、代号等）均应字体工整、笔画清晰、排列整齐、间隔均匀，其书写位置应根据图画妥善安排，文字多时宜放在图的下面或右侧。

（2）文字内容从左向右横向书写，标点符号占一个汉字的位置。在书写中文时，应采用国家正式颁布的简化汉字，字体宜采用长仿宋体。

（3）图中的"技术要求"、"说明"或"注"等字样，应写在具体内容左上方，并使用比文字内容大一号的字体。标题下均不画横线，当具体内容多于一项时，应按下列顺序号排列：

1、2、3……

(1)、(2)、(3)……

①、②、③……

（4）图中涉及数量的数字均应用阿拉伯数字表示，计量单位应用国家颁发的法定计量单位。

1.3.6　图衔

通信工程图纸应有图衔，图衔应位于图面的右下角。通信工程常用标准图衔为长方形，大小宜为 30mm×180mm（高×长）。图衔宜包括单位主管、部门负责人、项目负责人、单项负责人、设计人、审核人、校核人、制图人、单位/比例、日期、设计单位名称、图名、图号等，如图 1-2 所示。

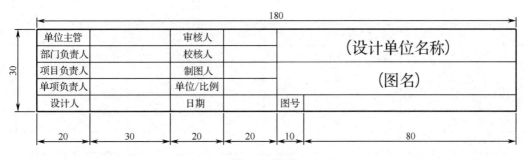

图 1-2 图衔

设计及施工图的编号应尽量简洁，符合以下要求。

（1）设计及施工图编号如下。

同工程项目、同设计阶段、同专业而多册出版时，为避免图号重复，可按以下规则执行。A、B 为字母或数字，用来区分不同册编号。

（2）工程项目编号应由工程建设方或设计单位根据工程建设方的任务委托统一给定。

（3）设计阶段代号应符合如表 1-7 所示的要求。

表 1-7 设计阶段代号

项目阶段	代号	工程阶段	代号	工程阶段	代号
可行性研究	K	初步设计	C	技术设计	J
规划设计	G	方案设计	F	设计投标书	T
勘察报告	KC	初设阶段的技术规范书	CJ	修改设计	在原代号后加×
咨询	ZX	施工图设计一阶段设计	S		
			Y		
		竣工图	JG		

（4）常用专业代号应符合如表 1-8 所示的要求。

表 1-8 常用专业代号

名称	代号	名称	代号
光缆线路	GL	电缆线路	DL
海底光缆	HGL	通信管道	GD
传输系统	CS	移动通信	YD
无线接入	WJ	核心网	HX
数据通信	SJ	业务支撑系统	YZ

续表

名称	代号	名称	代号
网管系统	WG	微波通信	WB
卫星通信	WD	铁塔	TT
同步网	TB	信令网	XL
通信电源	DY	监控	JK
有线接入	YJ	业务网	YW

注：1. 用于大型工程中分省、分业务区编制时的区分标识，可采用数字 1、2、3 或拼音字母的字头。

2. 用于区分同一单项工程中不同的设计分册（如不同的站册）编号，宜采用数字（分册号）、站名拼音字头或相应汉字表示。

3. 工程项目编号、设计阶段代号、专业代号相同的图纸间的区分号，应采用阿拉伯数字顺序编制（同一图号的系列图纸用括号内加分数表示）。

1.3.7 注释、标注及技术数据

当含义不便于用图示方法表达时，可采用注释。当图中出现多个注释或大段说明性注释时，应把注释按顺序排列。注释可放在需要说明的对象附近。当注释不在需要说明的对象附近时，应使用引线（细实线）指向说明对象。

标志和技术数据应该放在图形符号旁边。当数据很少时，技术数据也可放在图形符号的方框内（如通信光缆的编号或程式）。当数据较多时，可用分式表示，也可用表格形式列出。当用分式表示时，可采用以下方式：

$$N\frac{A-B}{C-D}F$$

式中，N 为设备编号，应靠前或靠上放；A、B、C、D 为不同标注内容，可增减；F 为敷设方式，应靠后放。

当设计中需要表示本工程前后有变化时，可采用斜杠方式 [（原有数）/（设计数）] 表示；当设计中需要表示本工程前后有增加时，可采用加号方式 [（原有数）+（增加数）] 表示。

常用标注方式如表 1-9 所示，表中的文字代号应用工程中的实际数据代替。

表 1-9 常用标注方式

序号	标注方式	说明
1		对直接配线区的标注方式。 其中： N——主干电缆编号，如 0101 表示 01 电缆上第一个直接配线区； P——主干电缆容量（在初步设计阶段为对数；施工图设计阶段为线序）； P_1——现有局号用户数； P_2——现有专线用户数，当有不需要局号的专线用户时，再用+（对数）表示； P_3——设计局号用户数； P_4——设计专线用户数

续表

序号	标注方式	说明
2	$\dfrac{N}{(n)}$ $\dfrac{P}{P_1/P_2/P_3/P_4}$	对交接配线区的标注方式。 其中： N——交接配线区编号；如 J22001 表示 22 局第一个交接配线区； n——交接箱容量，如 2400（对）； P、P_1、P_2、P_3、P_4 的含义与直接配线区的标注方式中一样
3	$m+n$ L N_1 N_2	对管道扩容的标注。 其中： m——原有管孔数，可附加管孔材料符号； n——新增管孔数，可附加管孔材料符号； L——管道长度； N_1、N_2——人孔编号
4	$\dfrac{L}{H^*P_n{-}d}$	对市话电缆的标注。 其中： L——电缆长度； H^*——电缆型号； P_n——电缆百对数； d——电缆芯线线径
5	L N_1 N_2	对架空杆路的标注。 其中： L——杆路长度； N_1、N_2——起止电杆编号，（可加注杆材类别的代号）
6	$\dfrac{L}{H^*P_n{-}d}$ N_1 $N{-}X$ N_2	对管道电缆的简化标注。 其中： L——电缆长度； H^*——电缆型号； P_n——电缆百对数； d——电缆芯线线径； 斜向虚线——管道光缆示意图纸中人（手）孔的简化画法； N_1、N_2——起止人孔号； N——主干电缆编号； X——线序
7	$\dfrac{N{-}B}{C}\Big\vert\dfrac{d}{D}$	分线盒标注方式。 其中： N——编号； B——容量； C——线序； d——现有用户数； D——设计用户数

续表

序号	标注方式	说明
8	$\dfrac{N-B}{C}\left\|\right\|\dfrac{d}{D}$	分线箱标注方式 其中： N——编号； B——容量； C——线序； d——现有用户数； D——设计用户数
9	$\dfrac{WN-B}{C}\left\|\right\|\dfrac{d}{D}$	壁龛式（W）分线箱标注方式 其中： N——编号； B——容量； C——线序； d——现有用户数； D——设计用户数

在通信工程设计中，项目代号和文字标注宜采用以下方式表示。

（1）在平面布置图中可以主要使用位置代号或顺序号加表格来说明。

（2）在系统框图中可以使用图形符号或方框加文字符号来表示，必要时也可以二者兼用。

（3）接线图应符合 GB/T 6988.1—2008 的规定。

安装方式的标注要求如表 1-10 所示。

表 1-10　安装方式的标注要求

序号	代号	安装方式	英文说明
1	W	壁装式	wall mounted type
2	C	吸顶式	ceiling mounted type
3	R	嵌入式	recessed type
4	DS	管吊式	conduit suspension type

敷设部位的标注要求如表 1-11 所示。

表 1-11　敷设部位的标注要求

序号	代号	敷设部位	英文说明
1	M	钢索敷设	supported by messenger wire
2	AB	沿梁或跨梁敷设	along or across beam
3	AC	沿柱或跨柱敷设	along or across column
4	WS	沿墙面敷设	on wall surface
5	CE	沿天棚面、顶板面敷设	along ceiling or slab
6	SC	吊顶内敷设	in hollow spaces of ceiling
7	BC	暗敷设在梁内	concealed in beam

续表

序号	代号	敷设部位	英文说明
8	CLC	暗敷设在柱内	concealed in column
9	BW	墙内埋设	burial in wall
10	F	地板或地板下敷设	in floor
11	CC	暗敷设在屋面或顶板内	in ceiling or slab

1.4　通信工程图绘制工具 AutoCAD 2022

目前我国通信工程施工图只要求二维图形，主要使用的绘图工具有 AutoCAD 公司的 AutoCAD 软件、微软公司的 Visio 软件。两款绘图软件相对比，Visio 软件在图层管理、样式管理、命令操作、绘图精度等方面都没有 AutoCAD 完善，只适用于绘制简单的路由图、工程流程图，因此在实际工作中主要使用 AutoCAD 绘制通信工程施工图。

1.4.1　AutoCAD 介绍与安装

AutoCAD 是 Autodesk（欧特克）公司于 1982 年首次开发的自动计算机辅助设计软件，包括二维绘图、详细绘制、设计文档和基本三维设计等功能，现已经成为流行的绘图工具。AutoCAD 具有良好的用户界面，用户通过交互菜单或命令行便可执行各种操作。它的多文档设计环境，让非计算机专业人员也能很快地学会使用，在不断实践的过程中掌握各种应用和开发技巧，从而不断提高工作效率。AutoCAD 具有广泛的适应性，它可以在各种操作系统支持的微型计算机和工作站上运行。

AutoCAD 具有如下特点。

（1）具有完善的图形绘制功能。

（2）具有强大的图形编辑功能。

（3）可以采用多种方式进行二次开发或用户定制。

（4）可以进行多种图形格式的转换，具有较强的数据交换能力。

（5）支持多种硬件设备。

（6）支持多种操作平台。

（7）具有通用性、易用性，适用于各类用户。

除此之外，从 AutoCAD 2000 开始，AutoCAD 增添了许多强大的功能，如 AutoCAD 设计中心（ADC）、多文档设计环境（MDE）、Internet 驱动、新的对象捕捉功能、增强的标注功能，以及局部打开和局部加载功能。

AutoCAD 被广泛应用于土木建筑、室内设计、城市规划、园林设计、电子电路、机械设计、服装鞋帽、航空航天、轻工化工等领域的图纸设计。

1.4.2　AutoCAD 2022 操作界面

AutoCAD 操作界面是 AutoCAD 显示、编辑图形的区域。AutoCAD 2022 中文版操作界面如图 1-3 所示，包括标题栏、菜单栏、功能区、绘图区、坐标系图标、命令行、状态栏、ViewCube 工具、十字光标、动态输入框、布局标签、快速访问工具栏等。

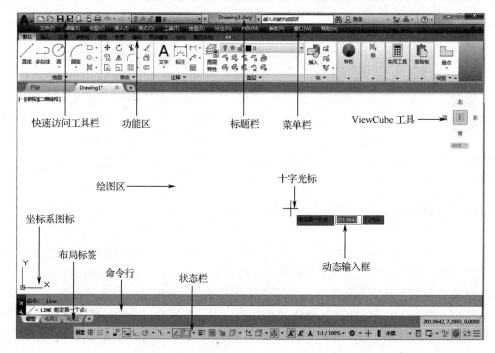

图 1-3　AutoCAD 2022 中文版操作界面

1. 标题栏

标题栏在 AutoCAD 2022 中文版操作界面的顶端。标题栏显示了用户正在使用的图形文件。在第一次启动 AutoCAD 2022 时，标题栏中显示的是在启动 AutoCAD 2022 时创建并打开的图形文件 Drawing1.dwg，如图 1-3 所示。

2. 菜单栏

同其他 Windows 软件程序一样，AutoCAD 2022 的菜单栏包含文件、编辑、视图、插入、格式、工具、绘图、标注、修改、参数、窗口、帮助 12 个菜单。把菜单栏显示出来的方式：先右击标题栏，然后依次执行"自定义快速访问工具栏"→"显示菜单栏"命令，如图 1-4 所示。AutoCAD 的菜单是下拉形式的，其可能包含子菜单，包含子菜单的菜单后面有小三角形。例如，在菜单栏中依次执行"绘图"→"圆"命令，系统会显示出"圆"子菜单，如图 1-5 所示。

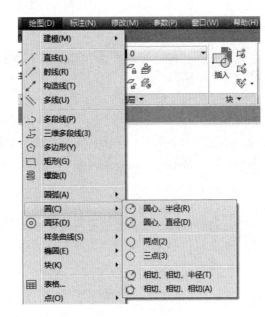

图 1-4　下拉菜单　　　　　　　　　图 1-5　"圆"子菜单

3．功能区

功能区包括默认、插入、注释、参数化、视图、管理、输出、附加模块、协作、精选应用 10 个选项卡，如图 1-6 所示。每个选项卡中集成了相关操作工具，用户通过单击功能区各面板下面的"▼"按钮，可以控制功能区的展开与收缩。

图 1-6　功能区

在面板中任意位置右击，在打开的右键快捷菜单中执行"显示选项卡"命令，单击选项卡名即可显示或关闭对应选项卡，如图 1-7 所示。同理，在"显示面板"子菜单中单击面板名可显示或关闭对应面板，如图 1-8 所示。

图 1-7　显示或关闭对应选项卡　　　　　图 1-8　显示或关闭对应面板

4. 绘图区

绘图区是在标题栏下方的空白区域，用于绘制图形，用户在完成一幅图形时主要工作都是在绘图区完成的。

5. 坐标系图标

在绘图区的左下角有一个图标，称为坐标系图标，这个图标的作用是为点的坐标确定一个参考系。根据需要，可以设置其显示或关闭。

6. 命令行

命令行是输入命令和显示命令提示的区域。命令行默认布置在绘图区下方，由若干行文本构成。在菜单栏中依次执行"工具"→"命令行"命令，打开如图 1-9 所示的对话框，若单击"是"按钮，命令行将关闭。

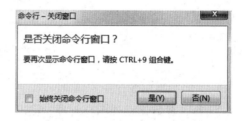

图 1-9 "命令行-关闭窗口"对话框

7. 布局标签

AutoCAD 默认设定的布局标签包括"模型"标签、"布局 1"标签、"布局 2"标签。单击"模型"标签，即可进入模型空间；单击"布局 1"标签或"布局 2"标签，即可进入图样空间。

AutoCAD 的空间分为模型空间和图样空间。模型空间是常用的绘图环境，在模型空间中，用户可以创建浮动视口，以不同的视图显示所绘图形，还可以调整浮动视口并设定所包含视图的缩放比例。在图样空间中，用户可以打印多个视图，也可以打印任意布局的视图。

布局是 AutoCAD 绘图设计的一种环境，包括图样大小、尺寸单位、角度设定、数值精度等。

在 AutoCAD 预设的 3 个布局标签中，这些环境变量都是默认值，用户可以根据实际需要改变变量的值，也可以设置符合要求的新布局标签。

8. 状态栏

状态栏显示在操作界面底部，包括坐标、模型空间、栅格、捕捉模式、推断约束、动态输入、正交模式、极轴追踪、等轴测草图、对象捕捉追踪等功能按钮，单击部分按钮可以控制对应功能的开关；单击部分按钮可以控制图形在绘图区的状态。

1.4.3　AutoCAD 图形文件

1.　新建文件

在启动 AutoCAD 时，默认进入的是"开始"窗口，如果需要绘制一张图，需要新建一个文件。

【启动命令】

菜单栏：执行"文件"→"新建"命令。
工具栏：单击快速访问工具栏中的"新建"图标（ ）。
命令：NEW。
快捷键：Ctrl+N。

【操作步骤】

在执行上述操作后，系统会弹出"选择样板"对话框，如图 1-10 所示。其中，文件名以 acad 打头的是英制模板，文件名以 acadiso 打头的是公制模板。选择适当的模板后单击"打开"按钮，即可新建一个图形文件。

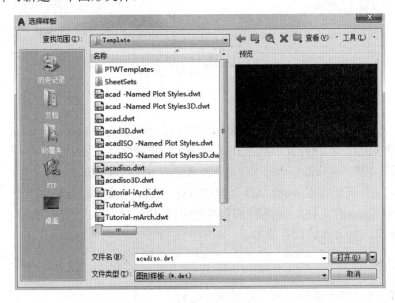

图 1-10　"选择样板"对话框

2.　打开文件

可以打开之前保存的文件继续编辑，也可以打开别人保存的文件进行学习或借用图形。

【启动命令】

菜单栏：执行"文件"→"打开"命令。

工具栏：单击快速访问工具栏中的"打开"图标（ 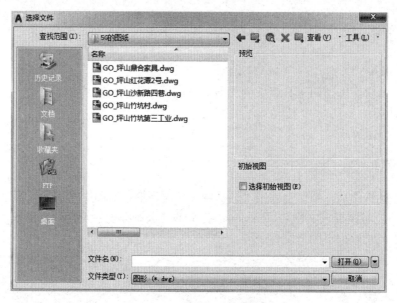 ）。

命令：OPEN。

快捷键：Ctrl+O。

【操作步骤】

在执行上述操作后，系统会打开"选择文件"对话框，如图1-11所示。

图1-11 "选择文件"对话框

【命令选项】

在"文件类型"下拉列表中可以选择的文件格式包括.dwg、.dwt、.dws、.dxf。.dws文件是一种包含标准图层、标注样式、线型和文字样式的模板文件；.dxf文件是一种以文字文本形式存储的图形文件，能够被其他程序读取，许多第三方应用软件都支持.dxf文件。注意，高版本AutoCAD可以打开低版本AutoCAD创建的.dwg文件，低版本AutoCAD无法打开高版本AutoCAD创建的.dwg文件。如果我们需要把图纸传给其他人，就需要根据对方使用的AutoCAD版本来选择文件的保存版本。

3. 保存文件

在绘完图后或在绘制图的过程中需要保存文件。

【启动命令】

菜单栏：执行"文件"→"保存"命令。

工具栏：单击快速访问工具栏中的"保存"图标（ ）。

命令：QSAVE。

快捷键：Ctrl+S。

【操作步骤】

在执行上述操作后，若文件已命名，则系统自动保存文件；若文件未命名（也就是文件名为默认名 Drawing1.dwg），系统将打开"图形另存为"对话框，如图 1-12 所示。在该对话框中用户可以对文件进行重命名并保存操作：在"保存于"下拉列表中指定文件的存储路径，在"文件名"框中输入文件名称，在"文件类型"下拉列表中指定文件类型。

图 1-12　"图形另存为"对话框

1.5　训练任务：识读通信工程图纸

【任务背景】

在学习绘制通信工程图前，我们已经学习了通信工程项目的建设程序、通信工程项目的分类、通信工程图纸的组成部分，初步掌握了通信工程图纸的整体布局、工程图指导工程施工的条件、使用 AutoCAD 打开文件和保存文件的方法。

【任务目标】

识读通信工程图，分析工程图是否合理。

【任务要求】

识读某通信机房平面图，如图 1-13 所示，分析该图各组成部分是否完整，图纸分布是否符合通信工程设计图要求，机房平面图的绘制是否符合机房建设要求，以及能否指导施工。

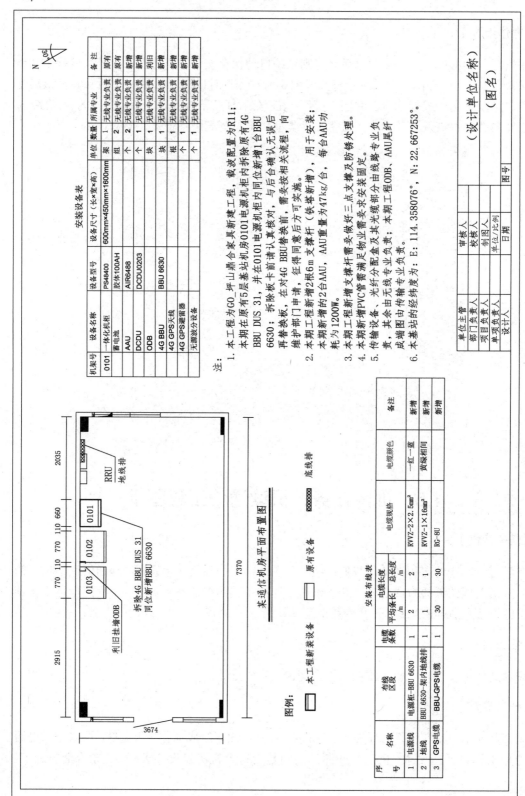

图 1-13 某通信机房平面图

【任务分析】

根据任务要求和任务工程图，把任务拆分为以下小项。

（1）使用 AutoCAD 打开文件。

（2）整体观察图纸，了解它的设计意图及布局。

（3）核查设计图的基本要素是否齐全。

（4）细读设计图，判断是否能指导施工。

（5）对设计图提出疑问和意见建议。

【任务实施】

（1）观察分析图纸。本设计图是某通信机房平面图，属于基站建设专业施工图。设计图有某通信机房平面布置图、图例、安装布线表、安装设备表、说明、图衔信息和指北针，布局合理，主题突出，版面清晰。

（2）看机房设备摆放是否合理。原有 2 个机架和新增 1 个机架并排靠墙摆放，设备在图中有标注。空调、照明开关等辅助设施在机房首次建设时已完成，在本设计图中可以省略定位。

（3）门窗设计符合移动基站要求。整个机房设有窗户，由空调控制温度、湿度，附有设计要求。

（4）馈线窗口定位靠近设备，便于馈线路由和施工，但是馈线窗口未注明高度，需要核实后才可确定施工方案。

（5）尺寸标注清晰。本次设计已进行了标注，可以明确定位新增设备的位置。

【拓展练习】

（1）根据通信工程行业标准，识读某机房 01 无线基站天馈线安装示意图，如图 1-14 所示。

（2）根据通信工程行业标准，识读某机房 01 BBU 设备布置及布线路由图，如图 1-15 所示。

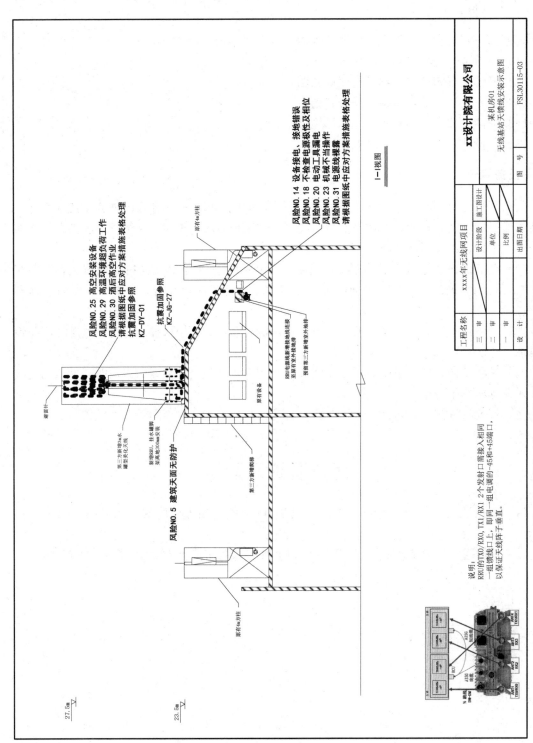

图 1-14 某机房 01 无线基站天馈线安装示意图

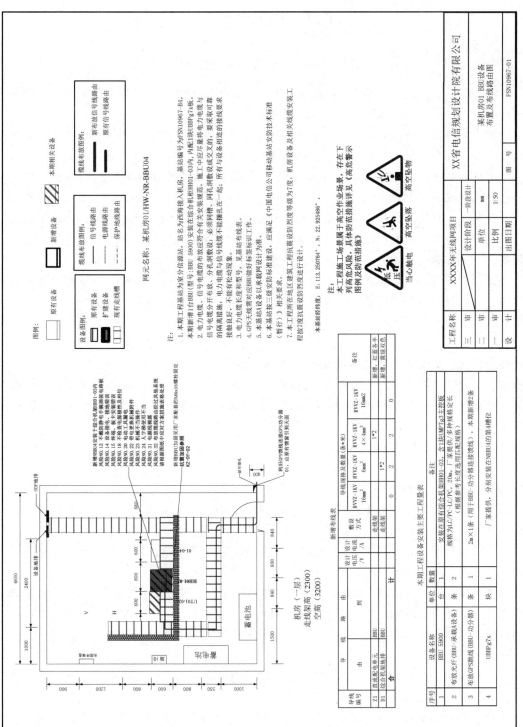

图 1-15 某机房 01 BBU 设备布置及布线路由图

【拓展阅读】

把青春与海洋强国梦"焊"在一起

300℃高温熔化了焊条，耀眼的火花落下，金属管壁上留下了一条颜色绚丽、状似鱼鳞的细缝，在电焊工陈坤眼中，那是最美的艺术品。

他是中国海油最年轻的焊接技能专家，代表最高级焊接水平的"鱼鳞缝"是他练就的绝活儿之一。他和团队用手中的焊枪，焊出了屹立在海上的钢铁浮城，北极之巅的液化工厂，还有蜿蜒密布的海底"油龙"。粗略统计，这些年他累计用掉的焊条多达 30 吨，他也因出色的表现获得"全国技术能手""天津青年五四奖章""首届海油工匠"等荣誉称号。

焊接是国家制造业发展中不可或缺的重要工艺，从火箭飞船、航母高铁，到指甲盖大的电子元件，都不同程度地依赖焊接技术。一道看似不起眼的焊缝，如果出现裂纹、气孔等问题，会直接影响产品的质量和寿命，甚至可能影响整个项目的正常运转。

为了让每一条焊缝都完美，陈坤下了 10 年工夫。陈坤是海油工程特种设备分公司的电焊工，因为海洋工程项目复杂，他经常需要面对很多看似"不可能完成的任务"。比如，钻到直径不到半米的管线里完成焊接，这是挑战人体极限的事。

最窄的管线直径只有 40 多厘米，一般人钻进去动一动都很难，而陈坤的任务是，要手持焊枪在狭小的管线中进行 360°全位置焊接。钻进管道时，陈坤肩膀几乎能擦到管壁。绕开布满管壁的各种设备，他在管道中保持或仰或爬的姿势，左右手轮番开始焊接——这是他苦练出的又一绝技。焊道喷射出的温度超过 300℃，刺眼的火花落在防护面罩上，时不时也溅到他的工服上，在手臂上留下星星点点的烫痕……

最长的一次，他坚持了 3 个小时，每次从管道里出来，他都像刚刚从水里捞出来一样，浑身湿透。在一个重大项目交付前，他用了 47 天，用掉 3500kg 焊材，完成了 80 余道焊口、120m 焊缝的焊接，100%合格。

到了冬天，他还时常需要爬到几十米高的平台上作业，冻僵的双手几乎拿不住焊枪，可焊花飞起，他又稳稳地完成了一个又一个任务。

大家管陈坤叫"钢铁侠"，他仿佛根本不知疲倦、不怕受伤，总是能完美完成任务。不为人知的是，撸起袖子，他手臂上的烫疤比谁都多。

很多人不知道，如今这个众人眼中的"钢铁侠"，当年不过是个技术"小白"。为了让技术更精湛，他白天练完，半夜还爬起来继续练。一根焊条不行，就焊两根、焊三根；体力不行手不稳，他就挂砖头练习；视力不好，他就不断调整姿势，蹲着不行，就跪着、趴着……

凭着不服输的韧劲，他先后考取了 30 多项国内外焊接资质，斩获全国石油石化焊接大赛金奖等诸多奖项，从焊接小白成功逆袭。

海洋装备对焊接的标准要求是远远高于一般普通项目的，原因很简单，因为无论是海上平台，还是海底管道，都要求投入使用后，至少几十年免维保，这就决定了不允许任何细小的缺陷，必须达到完美。不仅如此，深海装备需要耐腐蚀、耐低温、强度高，因此采用的材料也在不断迭代，对焊接技术提出新的要求。

这些年来，陈坤一直在国家海洋发展的蓝图中找寻自己的坐标。刚工作不久时他就参建过海上平台，努力学习平台上各种特种设备的焊接特点和需求，后来承担的任务越来越多，涉猎的领域也越来越广。

因为技术精湛，他创新的步子也迈得更大胆。在海洋钢结构筒体内部环板焊接时，他打破常规思维方式，尝试对埋弧焊机进行创新，实现环板自动焊，大幅提高了焊接效率。埋弧焊在环焊缝的应用成功激发了他的创新热情，他反复尝试，试验改进，成功实现了大臂埋弧焊在角焊缝上的推广应用。这项措施可在人工成本、材料控制方面每年为公司节省成本 10 万余元，更为后续项目生产提供高效的技术支持。多年来，他先后攻克了大厚壁不锈钢等多种特殊钢材的焊接难题，累计参与完成 30 余项技术革新，获得多项国家专利，累计为公司创效上千万元。

2021 年，以陈坤命名的技能大师工作室——"陈坤水下产品技能创新工作室"成立，他把更多注意力放在技能攻关、创新创效和人才培养上。十多年里，陈坤把一道道漂亮的"鱼鳞纹"印在了"深海一号"、海上采油平台、海底管线铺设等 30 多项急难险重任务中，也把自己的青春与祖国的海洋强国梦"焊接"在了一起。

资料来源：《中国青年报》

绘制传输工程系统框图

项目要求

【知识目标】

◆ 掌握 AutoCAD 绘图环境的设置方法。

◆ 掌握直线、矩形绘图命令的调用方法。

◆ 掌握文字输入与修改的方法。

◆ 掌握通信工程中模板文件的制作方法。

◆ 掌握绘制传输工程系统框图的方法。

【能力目标】

◆ 会设置绘图环境，以便绘制工程图。

◆ 熟练执行绘制直线、修剪线段、编辑文字、设置临时追踪点等绘图命令。

◆ 能够制作通信工程 A3/A4 模板文件。

◆ 能够绘制传输工程系统框图。

2.1 绘图环境设置

在绘制工程图前，应根据绘图需求和绘图习惯设置绘图环境，从而有效提高绘图效率。

2.1.1 绘图区常见设置

1. 选项

绘图环境设置分为多个维度。先进行图形显示的基本参数设置：执行"应用程序"→"选项"命令，打开"选项"对话框，如图 2-1 所示，对所需参数进行设置。在绘图前对基本参数进行正确设置，能够有效提高绘图效率。

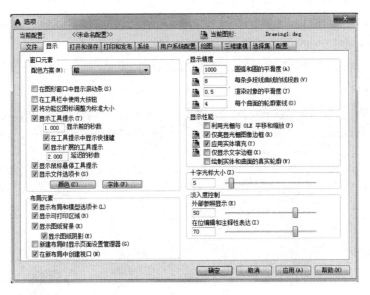

图 2-1　"选项"对话框

下面对"选项"对话框中的各选项卡进行说明。

● "文件"选项卡：该选项卡允许用户指定 AutoCAD 搜索支持文件、驱动程序文件、菜
单文件和其他文件。

● "显示"选项卡：该选项卡用于设置窗口元素、布局元素、显示精度、显示性能、十
字光标大小、淡入度控制等。

● "打开和保存"选项卡：该选项卡用于设置系统保存文件的类型、自动保存文件的时
间及维护日志等。

● "打印和发布"选项卡：该选项卡用于设置打印输出设备。

● "系统"选项卡：该选项卡用于对 AutoCAD 进行系统设置，如三维图形的显示特性、
定点设备及常规参数等。

● "用户系统配置"选项卡：该选项卡用于设置系统的相关选项，包括 Windows 标准操
作、插入比例、坐标数据输入的优先级、关联标注、超链接等。

● "绘图"选项卡：该选项卡用于设置绘图对象的相关操作，如自动捕捉、自动捕捉标
记大小、Auto Track 设置、靶框大小等。

● "三维建模"选项卡：该选项卡用于设置创建三维图形时的参数，如三维十字光标、
三维对象、在视口中显示工具、三维导航等。

● "选择集"选项卡：该选项卡用于设置与对象选项相关的特性，如拾取框大小、夹点
尺寸、选择集模式、夹点颜色、选择集预览、功能区选项等。

● "配置"选项卡：该选项卡用于设置系统配置文件的创建、重命名、删除、输入、输
出、配置等参数。

2. 绘图区背景颜色的设置

在默认情况下，AutoCAD 绘图区的背景颜色为黑色，用户可以根据个人喜好自定义背景
颜色。下面把背景颜色改为白色。

① 执行"应用程序"→"选项"命令，打开"选项"对话框。在"显示"选项卡中的"窗口元素"选区单击"颜色"按钮，如图2-2所示。

② 打开"图形窗口颜色"对话框，如图2-3所示，将"界面元素"设置为统一背景，将"颜色"设置为白色。

图2-2　单击"颜色"按钮　　　　　　　　图2-3　"图形窗口颜色"对话框

3. 单位

用户可以根据绘图需要设置单位类型及显示精度。在菜单栏中执行"格式"→"单位"命令，打开"图形单位"对话框，如图2-4所示。在"图形单位"对话框中可以设置长度单位、角度单位的类型和精度。长度单位包括分数、工程、建筑、小数、科学；角度单位包括十进制度数、弧度及度分秒等。

单击"方向"按钮，打开"方向控制"对话框，如图2-5所示。根据需要在"方向控制"对话框中选择基准角度，系统默认的基准角度为正东方向。

图2-4　"图形单位"对话框

图2-5　"方向控制"对话框

4. 绘图比例

绘图比例的设置与所绘图形精度有很大关系，比例设置得越大，绘图的精度就越高。应在绘图前设置好绘图比例。通信工程绘图比例一般为 1:1。在菜单栏中执行"格式"→"编辑图形比例"命令，打开"编辑图形比例"对话框，如图 2-6 所示。将"比例列表"设置为 1:1，单击"确定"按钮即可完成设置。若在"比例列表"框中没有合适的比例，则可单击"添加"按钮，添加所需比例。

图 2-6 "编辑图形比例"对话框

2.1.2 鼠标在 AutoCAD 中的应用

在使用 AutoCAD 绘图时，常用鼠标直接执行命令。在功能区和菜单栏中鼠标指针以箭头形式显示，选择选项即可执行相应命令；在绘图区鼠标指针以十字光标形式显示，此时可以选择对象或执行菜单命令。鼠标的左键、右键、滚轮功能定义如下。

- 左键：用于单击命令按钮、指定绘图点、选择对象。
- 右键：在绘图过程中右击可弹出如图 2-7 所示的右键快捷菜单。在按住 Shift 键的同时右击可弹出如图 2-8 所示的右键快捷菜单。用户可以通过选择相应的选项来捕捉临时对象。
- 滚轮：向上滚动滚轮，可放大视图；向下滚动滚轮，可缩小视图；按住滚轮的同时拖动鼠标，可拖动视图；双击滚轮，可把视图中心以最佳效果显示在绘图区。

图 2-7 右击弹出的右键快捷菜单   图 2-8 按住 Shift 键右击弹出的右键快捷菜单

2.1.3　坐标系

AutoCAD 可以绘制二维图形和三维图形，在绘图过程中具有灵活多样的调用命令，熟练调用绘图命令，有利于快速完成图形绘制。图形是由一个一个像素点组成的，像素点是根据坐标系来定位的，因此在学习使用 AutoCAD 绘图前先学习 AutoCAD 中的坐标系。在利用绘图工具绘图时，只有依据坐标系实现精准定位坐标，才能实现精准绘图。

在 AutoCAD 中常通过输入直角坐标或极坐标，来实现定位。直角坐标和极坐标均可以基于坐标原点输入绝对坐标或基于上一个指定点输入相对坐标。下面分别说明它们之间的区别。

1. 绝对直角坐标

绝对直角坐标系就是笛卡儿坐标系，又称直角坐标系。它包括 X 轴、Y 轴、Z 轴三个坐标轴，坐标系原点为(0,0,0)。输入坐标值时需要指定绘制的点在 X 轴、Y 轴、Z 轴相对于坐标系原点的距离和方向。

在绘制通信工程二维图形时，一般只会用到两个通过原点相互垂直的坐标轴——X 轴、Y 轴。水平方向的坐标轴为 X 轴，X 轴向右为正方向；垂直方向的坐标轴为 Y 轴，Y 轴向上为正方向，平面上任意一个点都可以用 X 轴和 Y 轴坐标值来确定，即用(x,y)来定义。绝对直角坐标就是从坐标原点(0,0)起计算距离和方向。

【绘图案例】

已知 A 点的坐标为(20,20)，B 点的坐标为(50,60)，使用绝对直角坐标绘制直线 AB，如图 2-9 所示。

命令行如下：

命令: line	//注意：无论英文还是数字均在英文状态下输入
指定第一个点: 20,20	//按 Enter（或空格）键进行下一步
指定下一点或 [放弃(U)]: 50,60	//按 Enter（或空格）键结束

2. 相对直角坐标

在很多情况下，用户是通过点与点之间的相对位置来绘图的，不需要指定每个点的绝对坐标。为此 AutoCAD 为用户提供了参考坐标系，即相对坐标系。相对坐标是以某点为参考点的相对位移值，与坐标系原点无关，只与参考点有关。X 轴增量向右为正方向，Y 轴增量向上为正方向，反之为负，相对坐标用$(@\Delta X, \Delta Y)$表示。

【绘图案例】

已知 A 点的坐标为(20,20)，B 点相对于 A 点的坐标为(@50,60)，使用相对直角坐标绘制直线 AB，如图 2-10 所示。

命令行如下：

命令: line	//注意：命令均用英文输入法输入
指定第一个点: 20,20	//按 Enter（或空格）键进行下一步

指定下一点或 [放弃(U)]: @50,60　　　　//按 Enter（或空格）键结束

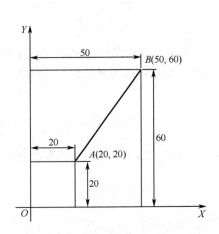

图 2-9　使用绝对直角坐标绘制直线

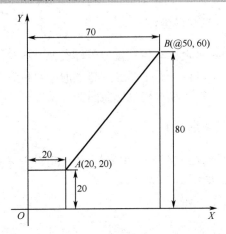

图 2-10　使用相对直角坐标绘制直线

在执行直线绘图命令后，直线工具被激活，状态栏中的"动态输入"图标被点亮，默认输入的指定第一个点的坐标是绝对直角坐标，如图 2-11 所示。接着指定下一点，系统默认输入的是相对坐标，可以手动输入对应的相对坐标，如@50,60 或 50,60，输入的","应是英文标识符，如图 2-12 所示。

图 2-11　指定第一个点

图 2-12　指定下一点

3. 绝对极坐标

极坐标系由一个极点和一个极轴构成。极轴的方向水平向右，平面上任意一个点都可以用由该点到极点连线的长度 L 和连线与极轴的夹角 α 表示，即极坐标($L<\alpha$)，其中符号"<"表示角度。

绝对极坐标的极点为坐标原点，极轴为 X 轴的正方向。在默认情况下，角度输入为正值，角度按逆时针方向与 X 轴夹角增大；角度输入为负值，角度按顺时针方向与 X 轴夹角增大。例如，平面上 A 点的绝对极坐标为(24<30)，表示 A 点到极点的距离 L=24，两个点连线与极轴的夹角 α=30°。

【绘图案例】

已知 A 点的坐标为(20,20)，B 点的极坐标为(50<60)，使用绝对极坐标绘制直线 AB，如图 2-13 所示。

命令行如下：

命令: line　　　　　　　　　　　//注意：命令均用英文输入法输入
指定第一个点: 20,20　　　　　　　//按 Enter（或空格）键进行下一步

指定下一点或 [放弃(U)]: 50<60	//按 Enter（或空格）键结束

4. 相对极坐标

相对极坐标与相对直角坐标类似，在绘图过程中，不需要通过坐标原点和 X 轴正方向夹角来指定该点，而是通过点与点的相对位置来指定该点，表示形式与直角相对坐标表示形式类似，也是在绝对极坐标前面加"@"。

【绘图案例】

已知 A 点坐标为(20,20)，B 点相对于 A 点的极坐标为(@50,60)，使用相对极坐标绘制直线 AB，如图 2-14 所示。

命令行如下：

命令: line	//注意：命令输入均用英文输入法
指定第一个点: 20,20	//按 Enter（或空格）键进行下一步
指定下一点或 [放弃(U)]: @50<60	//按 Enter（或空格）键结束

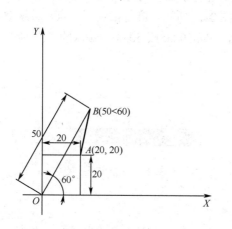

图 2-13 使用绝对极坐标绘制直线

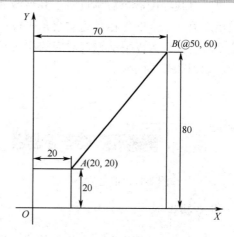

图 2-14 使用相对极坐标绘制直线

2.2 基 础 绘 图

2.2.1 直线绘制

直线是最基本的绘图对象，通过执行直线绘图命令可以绘制一条线段，或者绘制一系列闭合连续线段。可以单独对每条线段进行编辑操作。

【启动命令】

菜单栏：执行"绘图"→"直线"命令。

工具栏：单击"绘图"面板中的"▨"图标。

命令：LINE 或快捷命令 L。

【命令选项】

● 闭合（C）：系统自动连接起点和最后一个端点，形成闭合的图形。
● 放弃（U）：放弃前一次操作绘制的线段，删除最近绘制的一系列线段中的一条。若多次输入 U，则逆序删除多条线段。

【绘图案例】

绘制如图 2-15 所示的通信工程图图衔，不用标注尺寸。

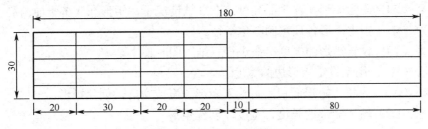

图 2-15　通信工程图图衔

操作步骤如下所示。

（1）打开正交模式：执行"正交"命令，或者按快捷键 F8。

（2）在命令行中输入"L"，按 Enter 键；将"指定第一点"设置为 0,0，按 Enter 键。

（3）移动十字光标输入坐标值，绘制矩形。将十字光标向上移动，输入"30"，按 Enter 键；将十字光标向右移动，输入"180"，按 Enter 键；将十字光标向下移动，输入"30"，按 Enter 键；将十字光标向左移动，输入"C"，按 Enter 键。

（4）执行"工具"→"绘图设置"命令，打开"草图设置"对话框，在"对象捕捉"选项卡中依次勾选"启用对象捕捉"复选框、"启用对象捕捉追踪"复选框、"端点"复选框。

（5）运用捕捉追踪功能绘制内部线段。按空格键启动直线绘图命令，将十字光标移至矩形右上角，出现正方形；沿直线向右移动十字光标，出现旋风正方形和追踪线，如图 2-16 所示，输入"20"，向下移动十字光标，绘制线段。使用同样的方法绘制其他线段。

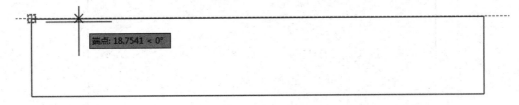

图 2-16　旋风正方形和追踪线

2.2.2　矩形绘制

在通信工程制图中矩形是常用图形之一，如通信机房设备平面图、基站平面图、系统图、房屋参考建筑图等图中常会用到矩形。AutoCAD 提供了单独的矩形绘图命令。在绘图过程中，执行矩形绘图命令可以创建直角矩形、圆角矩形和倒角矩形。

【启动命令】

菜单栏：执行"绘图"→"矩形"命令。

工具栏：单击"绘图"面板中的"▣"图标。

命令：RECTANG 或快捷命令 REC。

【命令选项】

- 倒角（C）：指定矩形的倒角距离。
- 标高（E）：确定矩形所在平面高度。在默认情况下，矩形在 X-Y 平面内高度为零。
- 圆角（F）：指定矩形各顶点倒圆角半径。
- 厚度（T）：设置矩形的厚度，在进行三维绘图时使用。
- 宽度（W）：用于设定矩形边的宽度。
- 面积（A）：先输入矩形面积，再输入矩形长度或宽度，创建矩形。
- 尺寸（D）：输入矩形的长度、宽度，创建矩形。
- 旋转（R）：设置矩形的旋转角度。

【绘图案例】

执行矩形绘图命令绘制通信工程图 A3 图幅图框，外框为 420mm×297mm，预留装边框，内框为 390mm×287mm，线宽为 0.5mm，如图 2-17 所示，不用标注尺寸。

图 2-17　通信工程图 A3 图幅图框

操作步骤如下。

命令：_rectang

指定第一个角点或 [倒角(C)/标高(E)/圆角(F)/厚度(T)/宽度(W)]: 50,50

指定另一个角点或 [面积(A)/尺寸(D)/旋转(R)]: @420,297

命令: _rectang   //按空格键或 Enter 键激活矩形绘图命令

指定第一个角点或 [倒角(C)/标高(E)/圆角(F)/厚度(T)/宽度(W)]: w

指定矩形的线宽 <0.0000>: 0.5

指定第一个角点或[倒角(C)/标高(E)/圆角(F)/厚度(T)/宽度(W)]: tt   //在矩形左上角设置临时追踪点

指定临时对象追踪点: 25

指定第一个角点或 [倒角(C)/标高(E)/圆角(F)/厚度(T)/宽度(W)]: 5

指定另一个角点或 [面积(A)/尺寸(D)/旋转(R)]: @390,-287

【绘图技巧】

临时追踪点用于辅助选择特征点，借助对象捕捉追踪来完成，一般用于确定起点。例如，在绘制沿某点有纵横两个方向偏移的图形时，通过使用临时追踪点来确定特征点可以减少辅助线的使用，避免使用辅助线产生的多线漏线问题，从而提高绘图效率。

在命令执行过程中，在命令行中输入"tt"可以设置临时追踪点。先打开对象捕捉和追踪，捕捉到基准点后，将十字光标往需要偏移的方向移动，捕捉点变成旋风正方形，然后在命令行中输入"tt"，接着输入偏移距离，产生临时追踪点十字光标后再输入偏移距离。绘制如图 2-17 所示的图框的操作步骤如下。

（1）激活矩形绘图命令，捕捉矩形左上角作为基准点，右移十字光标出现旋风正方形和追踪线，如图 2-18 所示。

（2）在命令行中输入"tt"，按 Enter 键，将"指定临时对象追踪点"设置为 25，如图 2-19 所示，按 Enter 键。

（3）临时十字光标设置成功，把绘图十字光标移至临时十字光标下方，以确定方向，将"指定第一个角点"设置为 5，按 Enter 键，如图 2-20 所示。

（4）绘制内矩形起点，将"指定另一个角点"设置为 390,-287（负号表示方向），按 Enter 键，绘制矩形，如图 2-21 所示。

图 2-18 捕捉基准点   图 2-19 将"指定临时对象追踪点"设置为 25

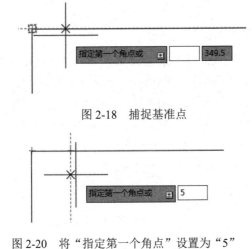

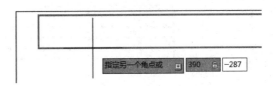

图 2-20 将"指定第一个角点"设置为"5"   图 2-21 将"指定另一个角点"设置为 390,-287

2.3 图形修改

2.3.1 复制

在绘图过程中常需要绘制多个相同对象，AutoCAD 提供了复制功能。通过复制命令可以在指定位置复制一个或多个选定的对象。

【启动命令】

菜单栏：执行"修改"→"复制"命令。
工具栏：单击"默认"面板中的"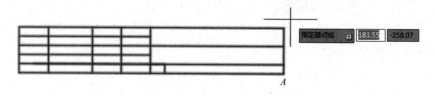"图标。
命令：COPY 或快捷命令 CO。

【命令选项】

● 位移（D）：通过输入 X 轴、Y 轴移动的距离来确定副本位置。
● 模式（O）：选择副本个数，可以选择单个或多个。系统默认设置为多个。
● 阵列（A）：在复制对象的同时阵列对象。在操作时可设定副本个数和距离。

【绘图案例】

下面演示利用复制的方法将通信工程图的图衔复制到通信工程图 A3 图幅框内。

（1）选择复制对象。在命令行中输入"COPY"，命令行提示"选择对象"，用框选方式选择要复制的对象，按空格键或 Enter 键进入下一步，如图 2-22 所示。

图 2-22 选择对象

（2）指定复制对象基点。命令行提示"指定基点或[位移(D)/模式(O)] <位移>:"，用户在命令行中输入"D"后再输入坐标值即可确定复制对象位置。但是，在实际工作中，此方法用得较少，常用指定复制对象基点的方法进行复制。为了确保绘图精准，可同时打开对象捕捉、极轴追踪等辅助绘图工具。捕捉通信工程图衔右下角 A 点作为基点，如图 2-23 所示。

图 2-23 捕捉基点

（3）确定复制对象副本的位置。选定参考点后，命令行提示"指定第二个点或[阵列(A)]<

使用第一个点作为位移>:",系统默认使用输入参考点相对位移来确定位置,如@50<60。若复制对象需要阵列,则可在命令行中输入"A"设定相应的个数和距离。还可以通过移动十字光标捕捉指定位置并单击确定第二个点。这里捕捉通信工程图图框右下角作为第二个点,如图 2-24 所示。

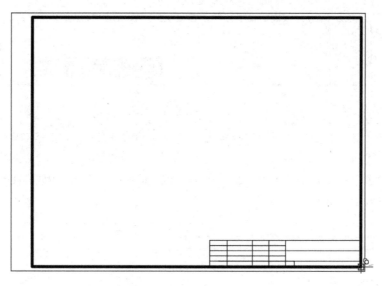

图 2-24　捕捉第二个点

2.3.2　偏移

偏移是指在指定点或指定距离处创建一个与源对象类似的新对象,且新对象与源对象保持平行,但不保证二者尺寸、面积一致。将一条直线偏移到另一侧,可以创建一组平行线;将一个圆向内偏移可以创建一组同心圆;将一个闭合的多段线向外偏移,仍可创建与源对象相同的闭合多段线图形。

【启动命令】

菜单栏:执行"修改"→"偏移"命令。
工具栏:单击"默认"面板中的"▨"图标。
命令:OFFSET 或快捷命令 O。

【命令选项】

- 指定偏移距离:输入偏移对象的偏移距离,输入后系统自动保持记录该距离直至下次更改偏移距离。
- 通过(T):通过指定点创建新的偏移对象。
- 删除(E):偏移产生新对象后删除源对象。
- 图层(L):将偏移后的新对象放置在当前图层或放置在源对象所在图层。

【绘图案例】

下面通过演示通信工程图图衔制作过程来介绍偏移的应用。

（1）在命令行中输入"OFFSET"，命令行提示"指定偏移距离或 [通过(T)/删除(E)/图层(L)] <通过>:"，在动态输入框中输入"6"，如图 2-25 所示。

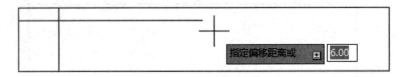

图 2-25　指定偏移距离

（2）按空格键后命令行提示"选择要偏移的对象，或 [退出(E)/放弃(U)] <退出>:"，单击第二条水平直线。

命令行提示"指定要偏移的那一侧上的点，或 [退出(E)/多个(M)/放弃(U)] <退出>:"，在动态输入框中输入"m"，如图 2-26 所示。

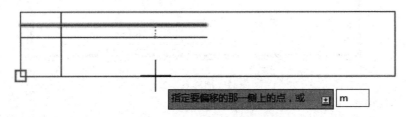

图 2-26　选择"多个"模式

（3）命令行提示"指定要偏移的那一侧上的点，或输入所需距离值"，在需要偏移的一侧单击，即可创建新对象。在上一源对象下方单击，重复三次后完成操作，如图 2-27 所示。

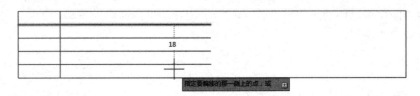

图 2-27　偏移三次

2.3.3　移动

移动是指将图形对象从原位置移动到新位置，且没有改变图形本身的尺寸、面积和方向。

【启动命令】

菜单栏：执行"修改"→"移动"命令。

工具栏：单击"默认"面板中的"![icon]"图标。

命令：MOVE 或快捷命令 M。

【命令选项】

● 位移（D）：输入对象移动的相对距离和方向，输入格式为"距离<角度"。

【绘图案例】

在绘制工程图时经常会执行移动操作，只要确定对象的移动距离和方向，即可确定移动位置。确定对象的移动距离和方向的方法如下。

（1）在绘图区指定起点和终点：起点是对象的基点，也是移动的参考点；终点是目标位置点，基点的新位置坐标。

（2）输入对象的移动距离和方向：用"距离<角度"方式输入对象的位移距离和方向。

（3）启动正交模式，打开极轴追踪功能，将对象沿 X 轴方向、Y 轴方向或极轴方向移动。

2.4　文　字　编　辑

2.4.1　文字样式

在制作工程图时，往往需要注释必要的文字以进行说明。图文结合有利于通过图纸把每一个施工环节都表达得更清晰，从而起到指导工程施工的作用。AutoCAD 提供单行文字和多行文字两种添加文字信息的方式，二者存在较多共同点。

在 AutoCAD 中创建文字对象，文字对象的外观是由其关联的文字样式决定的。在默认情况下，当前文字的样式是 Standard，用户可以根据需要创建新的文字样式。在"文字样式"对话框中可以设置文字的字体、大小、效果等。

【启动命令】

菜单栏：执行"格式"→"文字样式"命令。

工具栏：在"注释"选项卡的"文字"面板上单击"▇"图标。

命令：STYLE 或快捷命令 ST。

【"文字样式"对话框】

● "样式"列表框：显示了所有文字样式名称，可以选择其中一个作为当前样式。

● "字体名"下拉列表：罗列了所有字体，带有双"T"标志的字体是 Windows 系统提供的 truetype 字体，其他字体（*.shx）为 AutoCAD 自己的字体。

● "使用大字体"复选框：大字体是专为亚洲国家设计的文字字体。其中，gbcbig.shx 字体是符合国标的工程汉字字体。

● "高度"框：用于设定文字高度。

● "颠倒"复选框：勾选此复选框，文字将上下颠倒显示。

● "反向"复选框：勾选此复选框，文字将首尾反向显示。

● "垂直"复选框：勾选此复选框，文字将沿垂直方向排列。

● "宽度因子"框：用于设定文字宽度。
● "倾斜角度"框：用于设定文字倾斜角度。

【设置案例】

新建"通信工程字"样式，如图 2-28 所示。

图 2-28 "通信工程字"样式

2.4.2 单行文字

单行文字用于形成比较简短的工程文字标注信息，每一行都是单独的对象，可以对其进行编辑、移动、复制、旋转等操作。

【启动命令】

菜单栏：执行"绘图"→"文字"→"单行文字"命令。
工具栏：在"注释"选项卡的"文字"面板上单击"A 单行文字"按钮。
命令：TEXT 或快捷命令 DT。

【命令选项】

● 对齐（J）：在命令行中输入"J"，命令行提示"[左(L)/居中(C)/右(R)/对齐(A)/中间(M)/布满(F)/左上(TL)/中上(TC)/右上(TR)/左中(ML)/正中(MC)/右中(MR)/左下(BL)/中下(BC)/右下(BR)]"，在命令行中输入对应命令，对文字对齐形式进行设置。
● 样式（S）：用于设置文字应用的样式。

当执行单行命令后，命令行显示当前文字样式、文字高度、注释性、对齐状态等信息，同时提醒下一步要执行的操作，即指定文字的起点或对齐或样式、指定文字高度、指定文字旋转角度。若保持默认设置，则按空格键跳过。若直接在绘图区单击某一处作为起点，则默认左下角为文字输入的基点，如图 2-29 所示。AutoCAD 提供了多种文字对齐方式，对齐的参考点为基点，如中上对齐，是指单行文字中上位置落在基点坐标上，如图 2-29 所示，同理其他对齐方式按选项描述对齐，此处不一一说明。

默认单行文字的基点为左下角，若未设置其他对齐方式，则默认与该基点对齐，如图 2-30 所示，也就是说当执行复制、粘贴、移动等快捷操作时，基点默认为左下角。

图 2-29　中上对齐效果　　　　　　　　　　图 2-30　默认基点

单行文字在编写后有以下需要修改的情况。

（1）添加或修改文字内容。双击文字或在命令行中输入"TEDIT"，打开文本编辑框，进而可以修改文字，修改完毕后按 Enter 键或单击空白处即可。

（2）修改文字属性。单击需要修改的文字，右击，在右键快捷菜单中执行"快捷特性"命令，打开如图 2-31 所示的对话框，在此对话框中可以修改文字内容、样式、对齐方式、高度等参数。若想对文本其他属性进行编辑，则可以在快捷菜单中执行"特性"命令，打开"特性"对话框，如图 2-32 所示，在此对话框中可以设置文字倾斜角度、宽度因子、颠倒等属性。

图 2-31　文字快捷特性对话框　　　　　　图 2-32　"特性"对话框

【应用案例】

执行单行文字命令，为通信工程图衔添加文字信息，新建"图衔"样式，将"字体名"设置为仿宋，将"高度"设置为 2.5，将"宽度因子"设置为 1，将设计单位名称和图名的"高度"设置为 5，文字左中对齐，如图 2-33 所示。

操作步骤如下。

（1）执行"格式"→"文字样式"命令，打开"文字样式"对话框，新建"图衔"样式，将"字体名"设置为仿宋，将"高度"设置为2.5，将"宽度因子"设置为1。

（2）在命令行中输入"TEXT"，在命令行中输入"J"后输入"ML"，设置对齐方式为左中对齐，在图衔第一栏输入"单位主管"。

（3）其他文字信息：先复制"单位主管"到指定位置，然后修改文字内容，并在文字快捷特性对话框中修改文字高度。

单位主管		审核人		(设计单位名称)		
部门负责人		校核人				
项目负责人		制图人		(图名)		
单项负责人		单位/比例				
设计		日期		图号		

图 2-33　通信工程图衔

2.4.3　多行文字

多行文字创建的文字内容是多行或段落形式的，可以用于实现复杂的文字说明。多行文字是由任意行或段落组成的，组成行的每一个文字都是一个单独的实体，因此用户可以设置单个字符或部分文字的属性，包括字体、高度、颠倒等，也可以对任意行、任意段或所有文字的属性进行编辑。

【启动命令】

菜单栏：执行"绘图"→"文字"→"多行文字"命令。
工具栏：在"注释"选项卡中的"文字"面板上单击"A 多行文字"按钮。
命令：MTEXT 或快捷命令 T。

【命令选项】

在命令行中输入"MTEXT"，指定文本边框的第一个角点，移动十字光标指定矩形分布区域的另一个角点，建立文本框。此时会打开"文字编辑器"选项卡并出现带标尺的文本框，这两部分组成了多行文字编辑器，如图 2-34 所示，利用此编辑器可以方便地创建多行文字，并设置文字样式、字体、高度等属性。

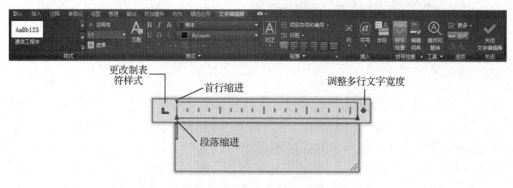

图 2-34　多行文字编辑器

1）文本框

一旦激活文本框，就可以直接在文本框内输入文字。文字在到达定义边框右边界时会自动换行，若想文字在未到达定义边框右边界时换行，则需要按 Shift+Enter 键。若只按 Enter 键换行，则表示已输入的文字构成一个段落。在默认情况下，文本框背景颜色为灰色。单击"文字编辑器"选项卡中"选项"面板上的"更多"按钮，依次选择"编辑器设置"→"显示背景"选项可以更改文本框背景颜色。

（1）标尺：可以设置首行文字及段落文字的缩进，还可以设置制表位。拖动标尺上第一行的缩进滑块，可以改变所选段落第一行的缩进；拖动标尺上第二行的缩进滑块，可以改变所选段落其余行的缩进。

（2）右键快捷菜单：在文本框中右击，弹出右键快捷菜单，该菜单中包含标准编辑命令和多行文字特有的命令，如图 2-35 所示。

● "符号"子菜单："符号"子菜单包含常用的特殊符号命令，如图 2-36 所示。选择其中一个选项即可选择输入对应符号。也可以通过在文本框中输入相应字符串来显示特殊符号。选择"其他"选项，可以打开"字符映射表"对话框，如图 2-37 所示。

● "项目符号和列表"子菜单：用来为段落文字添加编号及项目编号。

● "堆叠"选项：此选项可使层叠文字堆叠显示，如图 2-38 所示，常用于创建分数和公差表示形式。使用方法为输入层叠文字"左边文字+特殊字符+右边文字"（其中特殊字符为/、^、#）。选中需要堆叠的文字，右击，在右键快捷菜单中执行"堆叠"命令。

全部选择(A)	Ctrl+A
剪切(T)	Ctrl+X
复制(C)	Ctrl+C
粘贴(P)	Ctrl+V
选择性粘贴	▶
插入字段(L)...	Ctrl+F
符号(S)	
输入文字(I)...	
段落对齐	▶
段落...	
项目符号和列表	▶
分栏	▶
查找和替换...	Ctrl+R
改变大小写(H)	▶
全部大写	
✓ 自动更正大写锁定	
字符集	▶
合并段落(O)	
删除格式	▶
背景遮罩(B)...	
堆叠	
编辑器设置	▶
帮助	F1
取消	

度数(D)	%%d
正/负(P)	%%p
直径(I)	%%c
几乎相等	\U+2248
角度	\U+2220
边界线	\U+E100
中心线	\U+2104
差值	\U+0394
电相角	\U+0278
流线	\U+E101
恒等于	\U+2261
初始长度	\U+E200
界碑线	\U+E102
不相等	\U+2260
欧姆	\U+2126
欧米加	\U+03A9
地界线	\U+214A
下标 2	\U+2082
平方	\U+00B2
立方	\U+00B3
不间断空格(S)	Ctrl+Shift+Space
其他(O)...	

图 2-35　右键快捷菜单　　　　　图 2-36　"符号"子菜单

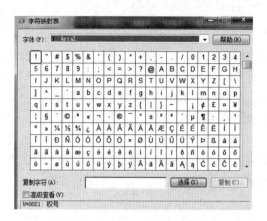

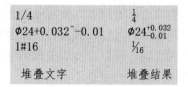

| 图 2-37 "字符映射表"对话框 | 图 2-38 堆叠文字 |

2）"文字编辑器"选项卡

"文字编辑器"选项卡包括"样式"面板、"格式"面板、"段落"面板、"插入"面板、"拼写检查"面板、"工具"面板、"选项"面板、"关闭"面板。下面对该选项卡中的主要功能进行解释说明。

（1）"样式"框：用于选择多行文字的样式。

（2）"高度"框：直接在框中输入文字高度，或者单击下拉按钮后选择文字高度。

（3）"字体"下拉列表：用于选择所需字体。

（4）"![A]"图标：用于把选定的文字格式复制给目标文字。

（5）"![B]"图标：用于把选定的文字改为粗体，但是要求文字类型支持粗体。

（6）"![I]"图标：用于把选定的文字改为倾斜，但是要求文字类型支持倾斜。

（7）"![U]"图标：用于在文字下方添加下画线。

（8）"![O]"图标：用于在文字上方添加上画线。

（9）"![A]"图标：打开或关闭所选文字的删除线。

（10）"![图标]"图标：左右文字间有堆叠字符（/、^、#），将左边文字堆叠在右边文字上方。

（11）"![图标]"图标、"![图标]"图标：分别用于把选定的文字变为上标、下标。

（12）"![图标]"图标：用于更改字母大小写形式。

（13）"![A]"图标：用于设置多行文字的对齐方式。

（14）"![项目符号和编号]"按钮：用于为段落文字添加数字编号、项目符号或字母形式编号。

（15）"![行距]"按钮：用于修改段落文字的行距。

（16）"![图标]"图标：用于设定文字的对齐方式，自左向右分别是左对齐、居中对齐、右对齐、两端对齐、分散对齐。

（17）"列"下拉列表：用于把文字分成多列显示。

（18）"符号"下拉列表：通过此下拉列表可插入常用的字符。

（19）"字段"按钮：用于插入日期、面积等字段，字段值随着关联对象自动更新。

（20）"![标尺]"按钮：用于打开或关闭文本框上的标尺。

工程图中存在很多可以通过标准键盘直接输入的字符，但也存在很多不能通过标准键盘直接输入的符号，如文字的下画线、直径符号ϕ等。这些特殊符号可以通过输入代码来产生，常用特殊符号对应的代码如表 2-1 所示。

表 2-1 常用特殊符号对应的代码

特殊符号	代码	解释	特殊符号	代码	解释
ϕ	%%C	直径	Ω	\U+2126	欧姆
$\pm$	%%P	正负号	$\approx$	\U+2248	约等号
°	%%D	度	$\angle$	\U+2220	角度
%	%%%%	百分号	2	\U+00B2	二次方
$\neq$	\U+2260	不等号	3	\U+00B3	三次方

【应用案例】

通过创建如图 2-39 所示的多行文字来说明馈线安装技术要求。

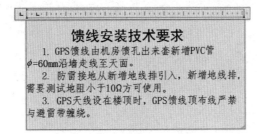

图 2-39 馈线安装技术要求

操作步骤如下。

（1）单击"默认"选项卡中"注释"面板上的" A多行文字 "按钮，或者在命令行中输入"T"，按照命令行提示创建文本框。

（2）打开"文字编辑器"选项卡，在"字体"下拉列表中选择"黑体"选项，在"高度"框中输入"5"。完成设置后在文本框中输入标题文字。

（3）在"文字编辑器"选项卡的"字体"下拉列表中选择"仿宋"选项；在"高度"框中输入"3.5"；调整文本框标尺上的缩进滑块，设置首行缩进为 10。完成设置后在文本框中输入列项内容。

2.5 训练任务：绘制通信工程系统框图

2.5.1 训练任务一：制作通信工程模板文件

【任务背景】

在制作 AutoCAD 图纸时要求打开.dwt 模板文件作为绘图文件。模板文件对绘图环境做了基础设置，如单位、比例、样式等，目的是提高绘图效率。AutoCAD 提供了部分通用模板文件。通信工程设计院和工程建设公司会根据通信工程制图标准和公司内部标准制作各自的模板文件，统一的模板文件可以规范工程图纸，提高绘图效率。模板文件中包含图幅、图衔、单位、图层、文字样式、表格样式、标注样式、图例等。本任务为制作通信工程模板文件，任务中的部分内容尚未学习，可以在后续学习过程中不断完善。

【任务目标】

制作简单的通信工程模板文件。

【任务要求】

（1）制作如图 2-40 所示的通信工程 A3 横向图幅的模板文件，并将文件保存为"通信工程.dwt"文件，在 E 盘新建"通信工程"文件夹，把模板文件保存在该文件夹中，以备后续工程制图使用。

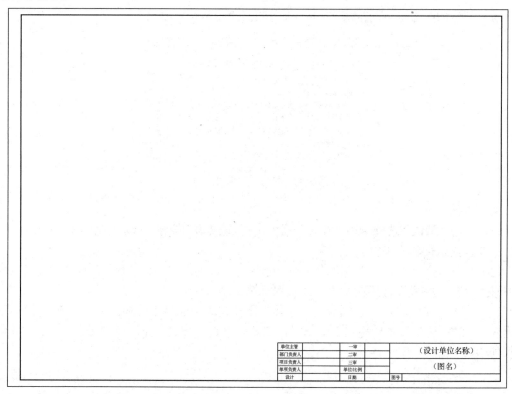

图 2-40　通信工程 A3 横向图幅

（2）设置绘图环境，在"图形单位"对话框中，将长度"类型"设置为小数，将长度"精度"设置为 2，将"插入时的缩放单位"设置为毫米，将角度"类型"设置为十进制度数，将角度"精度"设置为 0。单击"方向"按钮，在"方向控制"对话框中将"基准角度"设为东 0°。在"线型管理器"对话框中加载线型虚线（ACAD_ISO02W100）、点画线（ACAD_ISO10W100），将"全局比例因子"设置为 0.7。

（3）新建文字样式"工程标题"，字体为仿宋、高度为 5.0mm、宽度因子为 1mm；图衔文字的字体为仿宋、高度为 2.5mm、宽度因子为 1mm。

（4）A3 横向图框中，外框尺寸为 420mm×297mm、细实线，预留装订边线，内框尺寸为 390mm×287mm、线宽为 0.5mm。

（5）图衔文字信息如图 2-41 所示，其使用了两种文字样式。

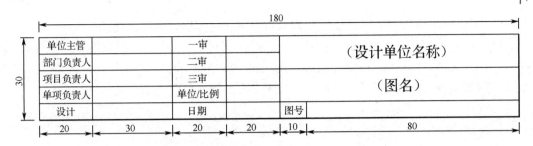

图 2-41　图衔文字信息

【任务分析】

通过分析工程图和任务要求可知，需要熟悉通信工程制图标准和模板文件制作要求，掌握 AutoCAD 的使用方法、绘图环境设置方法。会调用绘图命令，掌握辅助绘图工具使用技巧和 AutoCAD 绘图原则。经过分析建立如下任务清单。

（1）新建文件夹，新建模板文件，保存模板文件。

（2）设置绘图环境，包括图形单位、精度、方向；打开对象捕捉和对象追踪功能。

（3）加载需要使用的线型，修改比例参数。

（4）新建文字样式。

（5）调用矩形绘图命令、直线绘图命令、偏移命令、临时追踪命令等绘制 A3 横向图框。

（6）添加说明信息。

（7）检查工程文件。

【任务实施】

（1）新建模板文件。

在 E 盘新建"通信工程"文件夹；打开 AutoCAD，单击"新建"按钮，打开"选择样板"对话框，选择"acad.dwt"文件，单击"打开"按钮后的下拉按钮，选择"无样板打开-公制"选项。单击"另存为"按钮，打开"图形另存为"对话框，如图 2-42 所示。在"文件名"框中输入"通信工程.dwt"，将"文件类型"设置为"AutoCAD 图形样板（*.dwt）"。打开"样板选项"对话框，如图 2-43 所示，在"说明"框中输入备注文字，将"测量单位"设置为"公制"。完成设置后，单击"确定"按钮。

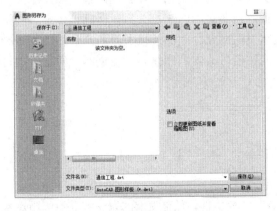

图 2-42　"图形另存为"对话框

图 2-43　"样板选项"对话框

（2）设置绘图环境：参考 2.1.1 节的内容对单位和精度进行相关设置。

加载线型：执行"格式"→"线型"→"加载"命令，打开"线型管理器"对话框，如图 2-44 所示。选择"ACAD_ISO02W100"选项和"ACAD_ISO10W100"选项，将"全局比例因子"设置为 0.7，单击"确定"按钮，关闭"线型管理器"对话框。

图 2-44 "线型管理器"对话框

（3）新建文字样式。

按照任务要求新建"工程标题"样式和"图衔文字"样式，详细操作参考 2.4.1 节。

（4）制作 A3 图幅模板文件。

① 绘制矩形图框：详细操作请参考 2.2.2 节。

② 绘制图衔：详细操作请参考 2.2.1 节。

③ 添加文字信息：详细操作请参考 2.4.2 节。

④ 更改线宽：单击需要修改的线段，在"默认"选项卡中，单击" ByLayer "下拉按钮，将线宽设置为 0.5mm。

2.5.2 训练任务二：绘制传输设备系统框图

【任务背景】

在设计通信工程图前要求先绘制系统框图。系统框图是指导项目图纸设计和绘制工程图的依据，它用来描述建设项目的网络拓扑结构、设备之间的连接关系，清晰地体现了网络层次，能够较好地表达出工程的演变过程，注重说明网元之间的连接关系和个体特性。在绘制系统框图时要先确定主要设备位置，其他网元按信号流向顺序排布，根据网元数量合理排版图纸，最后添加注释文字。

【任务目标】

绘制传输设备系统框图。

【任务要求】

（1）打开 2.5.1 节创建的"通信工程.dwt"模板文件，绘制如图 2-45 所示的传输设备系统框图，并将文件命名为"传输设备系统框图.dwg"，保存到 E 盘的"通信工程"文件夹中。

（2）绘制网元，要求层次清晰、分布整齐、网元关系明了。

（3）注释文字要位于图框正中，整体美观。

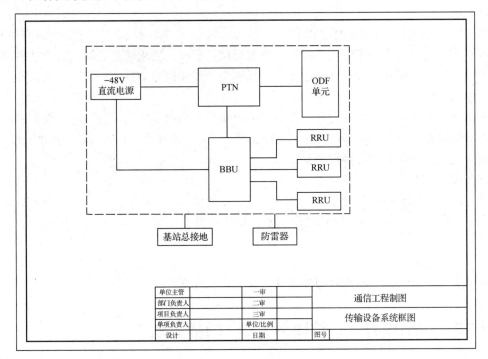

图 2-45　传输设备系统框图

【任务分析】

解读如图 2-45 所示的传输设备系统框图，图中的主要传输设备是 PTN（Packet Transport Network，分组传送网）和 BBU（Building Baseband Unite，室内基带处理单元），故 PTN 和 BBU 应处于中心位置，PTN 通过光纤与 ODF（Optical Distribution Frame，光纤分配架）单元连接；BBU 通过光纤与 RRU 连接，交流 220V 电压经过电箱变压输出-48V 直流电，给 PTN 和 BBU 供电；根据通信工程建设标准要求，基站内所有机架和设备要做接地和防雷安全连接。

绘图技能要求如下。

（1）熟悉基本绘图的直线绘图命令、矩形绘图命令等的使用。

（2）网元大小编排合理。

（3）运用捕捉和追踪工具绘图，确保绘图精准。

（4）通过调用复制、偏移、镜像等修图命令提高绘图效率。

（5）通过右击文字执行"快捷特性"命令来修改注释文字的高度。

【任务实施】

任务实施应该条理清晰，先后顺序明确。本任务需要先检查模板文件，以确保文件完善，可以用于绘图。绘制系统框图的顺序为布局、绘图、修图、注释、检查、保存工程文件。

（1）新建绘图文件。

打开"通信工程.dwt"模板文件，检查文件是否完整，确认没有问题后把文件另存为"传输设备系统框图.dwg"文件，并保存到 E 盘的"通信工程"文件夹中。

（2）布局绘图。

以 PTN 为中心，先绘制 PTN 和 BBU；然后绘制 ODF 单元和 RRU，注意网元间要对齐，排列要合理，避免过于紧凑或过于疏散；再根据位置和网元要求排布电源、接地装置和防雷器。完成各网元绘制和排版后分别绘制信号线、电源线和接地装置。

（3）关于修图。

图中部分网元内容是相同的，在绘制时应该确保它们大小一致，可以通过复制和追踪来完成。电缆和光纤的绘制可以利用对象捕捉功能，打开中点和交点捕捉功能，启动正交模式，从而可以避免直线倾斜、连接点不紧密等问题。

（4）文字注释。

选择"工程标题"样式，使用多行文字标注，以便调节分行及文字位置。PTN 和 RRU 对应字体字号需要大一些，对此可以通过在一次性选中所有相关字体后右击，执行"快捷特性"命令，来修改文字高度。

（5）检查文件。

绘图完毕后检查工程图文件，在确认无误后，保存文件。

2.5.3 训练任务三：扩展部署 5G 网络规划

【任务背景】

随着 5G 网络迅速建成，FTTH（Fiber to the Home，光纤到户）投入运营，由此形成的综合业务接入区为 5G 网络规划和建设打下了良好的基础。由于主流的 5G 网络频率为 3.5GHz，高于 4G 网络频率范围 800MHz～1.8GHz，且 5G 网络时延要求低，单站覆盖距离短，所以站址数量和光缆需求成倍增加。在 5G 网络站点中 BBU 集中部署，局房、配套和光缆等资源必须提前规划建设。参考如图 2-46 所示的 4G 网络与 5G 网络通信融合原理图，请在 4G 网络基站原有设备的基础上设计部署 5G 无线通信设备，画出设计图，完成该片区日后 5G 网络应用基础设施的建设。

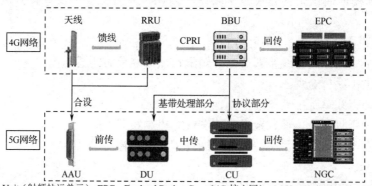

RRU—Remote Radio Unit（射频拉远单元）；EPC—Evolved Packet Core（4G 核心网）；AAU—Actire Antenna Unit（有源天线单元）；
DU—Distributed Unit（分布式单元）；CU—Central Unit（中央单元）；NGC—Next Generation Core（下一代核心网）。

图 2-46 4G 网络与 5G 网络通信融合原理图

【任务要求】

（1）规划思路。

以 4G 网络架构和综合业务接入网为蓝本，进一步深度扁平化规划 5G 网络，即利用固网设备退网后的机房空间和电源等配套资源，将 STN（Smart Transport Network，智能传输网络）二级汇聚环架构作为移动网基带系统汇聚点，实现附近 BBU 扁平化集中放置。

（2）设置原则。

综合业务接入区必须满足"四不跨"原则，无缝覆盖市、县、乡镇、村：

- 成型区域（如住宅小区、产业园区、校园等）不跨区接入。
- 各层级光节点和设备不跨区接入。
- 家庭、政企客户（双路由专线除外）不跨区接入。
- BBU 池不跨区接入 RRU。

（3）接入选择。

5G 综合业务接入区配套建设应重点考虑接入局站的选择，以及电源空调、管道和接入光缆的建设和运行维护等。基于近几年 FTTH 建设，以及大量 OLT（Optical Line Terminal，光线路终端）机房"光进铜退"，2G 网络、3G 网络、4G 网络建设及 BBU 集中等行动，机房设备空间、电源空调、传输光缆等资源被大量腾出，这为综合业务接入区与 5G 机房融合配套建设打下了基础。

（4）综合业务接入网与 5G 融合建设运营效果。

利用综合业务接入区将公众、政企、无线业务接入基础设施、机房及配套资源统筹使用，既可以提高资源利用率，增强网络安全性，也可以大大降低配套建设投资。一个光缆网统一承载有线业务、无线业务，设备节点与光缆协同，既可以降低维护难度，也可以节省大量维护成本；将光节点向用户延伸，既可以提高客户响应速度，也可以改善接入质量。综合业务接入网与 5G 融合可以给建设运营带来"一融、二化、三层"的效果。

- "一融"：固移融合，即利用固网机房及其配套资源，基于 STN 二级汇聚环，收敛附近 BBU/DU 扁平化集中放置。提升了固网机房/配套闲置资源利用率，避免了移动网机房/配套资源重复建设，减少了 BBU/DU/AUU 设备/电源配套资源等采购成本；提高了网络运行质量，BBU/DU 集中机房供电更有保障，降低了缆线拉远及分散阻断率，减少了移动网元的障碍工单量。

- "二化"：网络集约化——固移融合机房实现多专业设备集中监控、集中管理、集中配置，资源运行更优；维护综合化——抛弃传统各专业各自为政、多人多批次进入不同机房的单专业分别维护模式，一人一次进入即可实现固移多专业设备的同步、同层、同址维护，降低了维护成本和人工成本。

- "三层"：工作层面同步开展，即移动网建设与传统交换退网、接入点无源化同步开展；结构层面统一规划，即移动网与有线宽带网结构统一规划；设备层面同址安装，即 BBU/DU 等移动网设备与 OLT 等有线设备同址安装，实现了低成本快速集约化组网。

（5）覆盖要求。

综合业务接入区机房必须实现双路由保护。接入网机房尽可能实现双路由保护，因条件限制无法实现双路由保护的可以单路由接入。对于密集城区，用户密度不低于 6000 户/km²

或覆盖面积为 2～5km²；对于县城城区，用户密度不低于 2000 户/km² 或覆盖面积为 5～10km²；对于乡镇及农村，每乡镇或支局设置一个综合业务接入区，覆盖其下辖行政村。

【拓展练习】

（1）使用相对极坐标、直线绘图命令绘制图 2-47，1∶1 绘图，不用标注尺寸。

（2）使用相对极坐标、直线绘图命令绘制图 2-48，1∶1 绘图，不用标注尺寸。

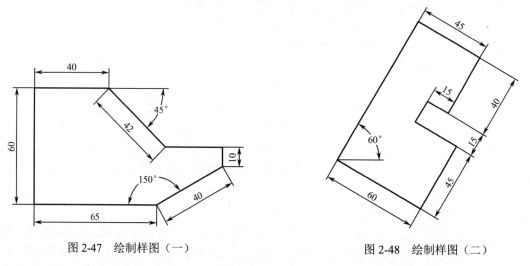

图 2-47　绘制样图（一）　　　　　　　图 2-48　绘制样图（二）

（3）使用相对极坐标、直线绘图命令绘制图 2-49，1∶1 绘图，不用标注尺寸。

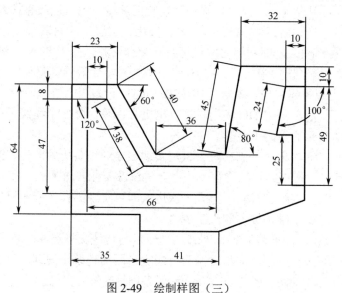

图 2-49　绘制样图（三）

（4）通过执行矩形绘图命令、偏移命令绘制图 2-50，1∶1 绘图，不用标注尺寸。

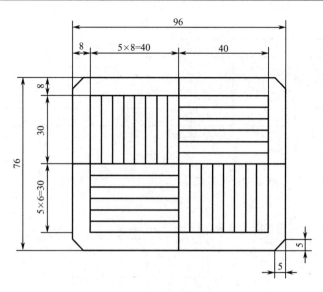

图 2-50　绘制样图（四）

（5）制作施工图绘制模板文件［见图 2-51（a）］，图纸幅面为 A2，图衔信息如图 2-51（b）所示，最终将文件另存为"施工图.dwt"。

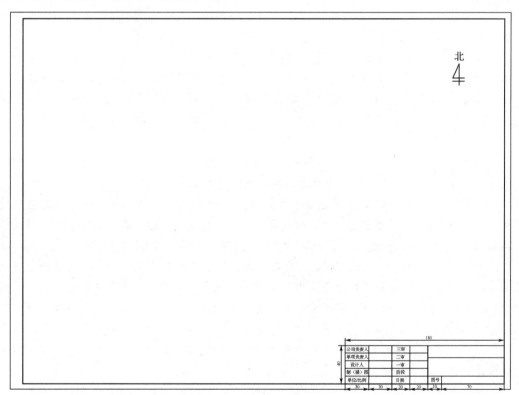

（a）施工图绘制模板

图 2-51　施工图绘制模板及图衔信息

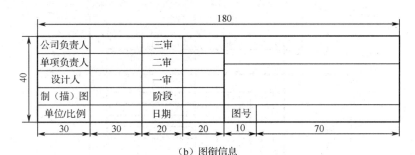

（b）图衔信息

图 2-51　施工图绘制模板及图衔信息（续）

【拓展阅读】

夏培肃：为中国"芯"甘为人梯

在男性研究者居多的计算机领域，夏培肃女士绝对称得上传奇人物，很多行业大咖尊称她为"夏先生"。有人称她为"中国计算机之母"。夏培肃于 1921 年出生在中国江苏省的一个小镇。她在 1952 年进入中国科学院计算中心，开始了她的职业生涯。当时，中国刚刚进入计算机领域，缺乏相关的设备和技术，但夏培肃毅然决然地选择了这个领域，并投身于解决中国计算机发展的问题。

在中国计算机发展的初期，夏培肃面临着许多挑战。由于当时计算机技术在中国还不够成熟，她经常需要根据国外的研究成果进行自学和实践。在没有计算机原理方面教材的情况下，夏培肃自己编写了教材，并为计算机术语进行了经典意译。她在翻译相关术语时，反复推敲，如英文 bit 和 memory，被她译为"位"和"存储器"，这些经典意译沿用至今。

她曾和冯·诺伊曼在同一所学校深造，却坚持回国，走上了开拓中国计算机技术之路，并成功研制了我国第一台自行设计的通用电子数字计算机——107 机。

30 多岁时，她协助制定我国科学史上十分重要的《1956—1967 年科学技术发展远景规划》。在该规划中计算技术被列为"四项紧急措施"之首。之后，她还参加了中国科学院计算技术研究所的筹备和建立。当她的学生——龙芯中科董事长胡伟武来看望她时，常被她拉着坐在客厅的沙发里。一老一小，头挨着头，靠在沙发的靠背上，一个讲着正在研发的 CPU，一个认真听着。在夏培肃从事计算机事业的第 50 年，胡伟武结束了中国计算机"无中国芯"的历史，并将中国第一款真正意义上拥有完全自主知识产权的芯片命名为"夏50"。夏培肃走后的几年里，胡伟武依旧难忘这位人生中的"恩师"，总是会在不同场合想起年轻时夏培肃对自己的教诲。"我们国家还缺什么？需要我们做什么？"是夏培肃和胡伟武探讨最多的话题。

胡伟武几乎半生都在为祖国研究芯片。博士毕业时，他的大学同学一多半去了美国，收入颇丰；还有一些同学在外企工作，月薪上万元。而他拒绝了国外教授的橄榄枝，留在中国科学院计算技术研究所，月薪 800 元，一拿就是好多年。他说，这是跟夏培肃学的，"夏老师一生强调自主创新在科研工作中的重要性，坚持做中国自己的计算机"。

在夏培肃的教导和鼓舞下，胡伟武于 2001 年在中国科学院计算技术研究所组建了课题组，开始了自主 CPU "龙芯" 的研制。夏培肃逝世后的第 9 年，基于我国自主指令系统 LoongArch 的龙芯 3A6000 通用处理器问世。

"独立自主，自力更生"，彼时张贴在中国科学院计算技术研究所内的这八个大字，也是夏培肃对我国计算机事业发展的愿景。她曾多次说："我自己也许不能达到世界的顶峰，我希望我的学生能够达到。我给他们做人梯，我给他们铺路，让他们踩着我过去。"

2023 年 12 月，在夏培肃 100 周年诞辰之际，中国科学技术大学计算机学院为她立了雕像，以纪念她为中国计算机事业做出的伟大贡献，并激励后人继续前行。

资料来源：《中国青年日报》

项目 3

绘制传输机柜光缆成端平面图

项目要求

【知识目标】
- ◆ 掌握圆、圆弧、椭圆的绘制方法。
- ◆ 掌握对图形进行缩放、镜像、拉伸操作的方法。
- ◆ 掌握调用阵列命令绘图的方法。

【能力目标】
- ◆ 熟练使用圆心、切点选项绘制圆。
- ◆ 熟练使用拉伸、缩放操作修改图形。
- ◆ 能够使用镜像和阵列命令绘制光缆成端平面图。
- ◆ 能够绘制传输机柜光缆成端平面图。

3.1 基本绘图

3.1.1 绘制圆

圆是通信工程中常用的基本图形对象之一，常用于表示图形中的孔、轴、柱等对象。

【启动命令】

菜单栏：执行"绘图"→"圆"命令。
工具栏：单击"绘图"面板中的"圆"图标。
命令：CIRCLE 或快捷命令 C。

【命令选项】

- ● 圆心，半径（R）：通过确定圆心及圆的半径绘制一个圆。
- ● 圆心，直径（D）：通过确定圆心及圆的直径绘制一个圆。
- ● 两点（2）：通过确定圆直径上的两个端点绘制一个圆。

- 三点（3）：通过确定圆上的三个点绘制一个圆。
- 切点，切点，半径（T）：通过指定两个切点及圆的半径绘制一个圆。
- 切点，切点，切点（A）：通过指定三个切点绘制一个圆。

【操作方法】

1. 通过确定圆心及圆的半径绘制一个圆

（1）在"默认"选项卡的"绘图"面板中，单击"圆"下拉按钮，在"圆"菜单中选择"圆心，半径"选项。

（2）在绘图区单击，确定一点作为圆心 O，再输入一个数值作为半径 R，按 Enter 键，完成圆的绘制，如图 3-1 所示。

2. 通过确定圆心及圆的直径绘制一个圆

（1）在"默认"选项卡的"绘图"面板中，单击"圆"下拉按钮，在"圆"菜单中选择"圆心，直径"选项。

（2）在绘图区单击，确定一个点作为圆心 O，再输入一个数值作为直径 D，按 Enter 键，完成圆的绘制，如图 3-2 所示。

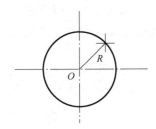   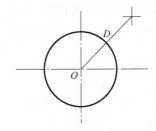

图 3-1　通过确定圆心、半径绘制圆　　　　图 3-2　通过确定圆心、直径绘制圆

3. 通过确定圆直径上的两个端点绘制一个圆

（1）在"默认"选项卡的"绘图"面板中，单击"圆"下拉按钮，在"圆"菜单中选择"两点"选项。

（2）在绘图区单击，确定圆的第一个端点 A；再次单击，确定圆的第二个端点 B，按 Enter 键，完成圆的绘制，如图 3-3 所示。

4. 通过确定圆上的三个点绘制一个圆

（1）在"默认"选项卡的"绘图"面板中，单击"圆"下拉按钮，在"圆"菜单中选择"三点"选项。

（2）在绘图区单击，确定圆上第一个点 A；再次单击，确定圆上第二个点 B；最后单击，确定圆上第三个点 C，按 Enter 键，完成圆的绘制，如图 3-4 所示。

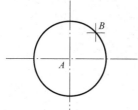

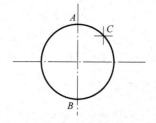

图 3-3　通过确定圆直径上的两个端点绘制圆　　　　图 3-4　通过确定圆上的三个点绘制圆

5. 通过指定两个切点及圆的半径绘制一个圆

（1）在"默认"选项卡的"绘图"面板中，单击"圆"下拉按钮，在"圆"菜单中选择"切点，切点，半径"选项。

（2）在绘图区单击，确定第一个对象与圆的切点 A；再次单击，确定第二个对象与圆的切点 B；输入圆的半径 R，按 Enter 键，完成圆的绘制，如图 3-5 所示。

6. 通过指定三个切点绘制一个圆

（1）在"默认"选项卡的"绘图"面板中，单击"圆"下拉按钮，在"圆"菜单中选择"切点，切点，切点"选项。

（2）在绘图区单击，确定第一个对象与圆的切点 A；再次单击，确定第二个对象与圆的切点 B；最后单击，确定第三个对象与圆的切点 C，按 Enter 键，完成圆的绘制，如图 3-6 所示。

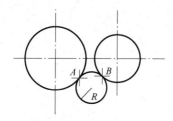

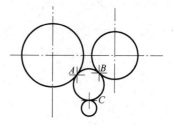

图 3-5　通过指定两个切点及半径绘制圆　　　　图 3-6　通过指定三个切点绘制一个圆

【绘图案例】

利用 CIRCLE 命令绘制相切圆，并修剪多余线条，案例如图 3-7 所示。

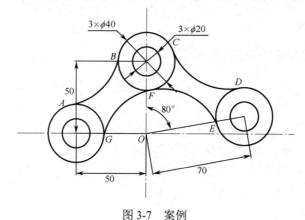

图 3-7　案例

操作步骤如下。

```
命令: _line
指定第一个点:
指定下一点或 [放弃(U)]: 50                    //左侧圆圆心到点 O 距离为 50mm
命令: _circle
指定圆的圆心或 [三点(3P)/两点(2P)/切点、切点、半径(T)]:
指定圆的半径或 [直径(D)] <42.0000>: 10        //内环半径为 10mm
命令: _circle
指定圆的圆心或 [三点(3P)/两点(2P)/切点、切点、半径(T)]:
指定圆的半径或 [直径(D)] <42.0000>: 20        //外环半径为 20mm
//画出左侧的圆环
命令: _line
指定第一个点:
指定下一点或 [放弃(U)]: 50                    //上方圆圆心到点 O 距离为 50mm
命令: _circle
指定圆的圆心或 [三点(3P)/两点(2P)/切点、切点、半径(T)]:
指定圆的半径或 [直径(D)] <42.0000>: 10        //内环半径为 10mm
命令: _circle
指定圆的圆心或 [三点(3P)/两点(2P)/切点、切点、半径(T)]:
指定圆的半径或 [直径(D)] <42.0000>: 20        //外环半径为 20mm
//画出上方的圆环
命令: _line
指定第一个点:
指定下一点或 [放弃(U)]: @70<10                //右侧圆圆心到点 O 距离为 70mm，极角为 10°
命令: _circle
指定圆的圆心或 [三点(3P)/两点(2P)/切点、切点、半径(T)]:
指定圆的半径或 [直径(D)] <42.0000>: 10        //内环半径为 10mm
命令: _circle
指定圆的圆心或 [三点(3P)/两点(2P)/切点、切点、半径(T)]:
指定圆的半径或 [直径(D)] <42.0000>: 20        //外环半径为 20mm
//画出右侧的圆环
命令: _circle
指定圆的圆心或 [三点(3P)/两点(2P)/切点、切点、半径(T)]: _3p
指定圆上的第一个点:                          //单击 G 点
指定圆上的第二个点:                          //单击 F 点
指定圆上的第三个点:                          //单击 E 点
命令: _circle
指定圆的圆心或 [三点(3P)/两点(2P)/切点、切点、半径(T)]: _ttr
指定对象与圆的第一个切点:                    //单击 A 点
指定对象与圆的第二个切点:                    //单击 B 点
指定圆的半径 <42.8066>: 40
命令: _circle
指定圆的圆心或 [三点(3P)/两点(2P)/切点、切点、半径(T)]: _ttr
指定对象与圆的第一个切点:                    //单击 C 点
指定对象与圆的第二个切点:                    //单击 D 点
指定圆的半径 <42.8066>: 40
命令: _trim                                 //修剪图形
```

当前设置:投影=UCS，边=无
选择剪切边... 找到 3 个　　//选择 3 个圆环的外环
选择要修剪的对象，或按住 Shift 键选择要延伸的对象，或[栏选(F)/窗交(C)/投影(P)/边(E)/删除(R)/放弃(U)]:　　　　//依次选择多余部分进行修剪，按此完成绘制效果，如图3-7 所示

3.1.2　绘制圆弧

圆弧是圆上任意两个点间的曲线，在通信工程制图中，圆弧比圆更常用。圆弧一般注重"流线型"造型或"圆润型"造型。

【启动命令】

菜单栏：执行"绘图"→"圆弧"命令。

工具栏：单击"绘图"面板中的"圆弧"图标。

命令：ARC 或快捷命令 A。

【命令选项】

● 三点（P）：通过确定圆弧上的三个点绘制一段圆弧。
● 起点，圆心，端点（S）：通过确定圆弧的起点、圆心、端点绘制一段圆弧。
● 起点，圆心，角度（T）：通过确定圆弧的起点、圆心、角度绘制一段圆弧。
● 起点，圆心，长度（A）：通过确定圆弧的起点、圆心、长度绘制一段圆弧。
● 起点，端点，角度（N）：通过确定圆弧的起点、端点、角度绘制一段圆弧。
● 起点，端点，方向（D）：通过确定圆弧的起点、端点、方向绘制一段圆弧。
● 起点，端点，半径（R）：通过确定圆弧的起点、端点、半径绘制一段圆弧。
● 圆心，起点，端点（C）：通过确定圆弧的圆心、起点、端点绘制一段圆弧。
● 圆心，起点，角度（E）：通过确定圆弧的圆心、起点、角度绘制一段圆弧。
● 圆心，起点，长度（L）：通过确定圆弧的圆心、起点、长度绘制一段圆弧。
● 连续（O）：创建与上一次绘制的直线或圆弧相切的圆弧。

【操作方法】

1. 通过确定圆弧上的三个点绘制一段圆弧

（1）在"默认"选项卡的"绘图"面板中，单击"圆弧"下拉按钮，在"圆弧"菜单中选择"三点"选项。

（2）单击，确定圆弧的第一个点 A；再次单击，确定圆弧的第二个点 B；最后单击，确定圆弧的第三个点 C，按 Enter 键，完成圆弧的绘制，如图 3-8 所示。

2. 通过确定圆弧的起点、圆心、端点绘制一段圆弧

（1）在"默认"选项卡的"绘图"面板中，单击"圆弧"下拉按钮，在"圆弧"菜单中选择"起点，圆心，端点"选项。

（2）单击确定第一个点，即圆弧的起点 A；再次单击确定第二个点，即圆弧的圆心 O；

最后单击确定第三个点，即圆弧的端点 B，按 Enter 键，完成圆弧的绘制，如图 3-9 所示。

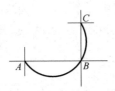 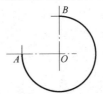

图 3-8 通过确定圆弧上的三个点绘制一段圆弧　　图 3-9 通过确定圆弧的起点、圆心、端点绘制一段圆弧

3. 通过确定圆弧的起点、圆心、角度绘制一段圆弧

（1）在"默认"选项卡的"绘图"面板中，单击"圆弧"下拉按钮，在"圆弧"菜单中选择"起点，圆心，角度"选项。

（2）单击确定第一个点，即圆弧的起点 A；再次单击确定第二个点，即圆弧的圆心 O；最后单击确定第三个点，即圆弧的端点 B（∠AOB 的角度就是圆弧的角度 α），按 Enter 键，完成圆弧的绘制，如图 3-10 所示。

4. 通过确定圆弧的起点、圆心、长度绘制一段圆弧

（1）在"默认"选项卡的"绘图"面板中，单击"圆弧"下拉按钮，在"圆弧"菜单中选择"起点，圆心，长度"选项。

（2）单击确定第一个点，即圆弧的起点 A；再次单击确定第二个点，即圆弧的圆心 O；最后单击确定第三个点，即圆弧的端点 B（线段 AB 的长度就是圆弧的弦长 D），按 Enter 键，完成圆弧的绘制，如图 3-11 所示。

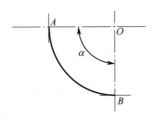 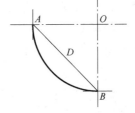

图 3-10 通过确定圆弧的起点、圆心、　　图 3-11 通过确定圆弧的起点、圆心、
角度绘制一段圆弧　　　　　　　　长度绘制一段圆弧

5. 通过确定圆弧的起点、端点、角度绘制一段圆弧

（1）在"默认"选项卡的"绘图"面板中，单击"圆弧"下拉按钮，在"圆弧"菜单中选择"起点，端点，角度"选项。

（2）单击确定第一个点，即圆弧的起点 A；再次单击确定第二个点，即圆弧的端点 B；最后单击确定第三个点 C（∠BAC 的角度就是圆弧的角度 α），按 Enter 键，完成圆弧的绘制，如图 3-12 所示。

6. 通过确定圆弧的起点、端点、方向绘制一段圆弧

（1）在"默认"选项卡的"绘图"面板中，单击"圆弧"下拉按钮，在"圆弧"菜单中

选择"起点、端点、方向"选项。

（2）单击确定第一个点，即圆弧的起点 A；再次单击确定第二个点，即圆弧的端点 B；最后输入角度值"90"确定第三个点 C（线段 AB 的方向就是圆弧的方向α），按 Enter 键，完成圆弧的绘制，如图 3-13 所示。

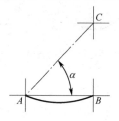

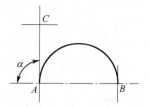

图 3-12　通过确定圆弧的起点、端点、
　　　　　角度绘制一段圆弧

图 3-13　通过确定圆弧的起点、端点、
　　　　　方向绘制一段圆弧

7. 通过确定圆弧的起点、端点、半径绘制一段圆弧

（1）在"默认"选项卡的"绘图"面板中，单击"圆弧"下拉按钮，在"圆弧"菜单中选择"起点，端点，半径"选项。

（2）单击确定第一个点，即圆弧的起点 A；再次单击确定第二个点，即圆弧的端点 B；最后输入圆弧的半径 R；按 Enter 键，完成圆弧的绘制，如图 3-14 所示。

8. 通过确定圆弧的圆心、起点、端点绘制一段圆弧

（1）在"默认"选项卡的"绘图"面板中，单击"圆弧"下拉按钮，在"圆弧"菜单中选择"圆心，起点，端点"选项。

（2）单击确定第一个点，即圆弧的圆心 O；再次单击确定第二个点，即圆弧的起点 A；最后单击确定第三个点，即圆弧的端点 B，按 Enter 键，完成圆弧的绘制，如图 3-15 所示。

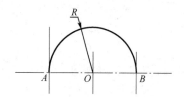

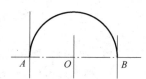

图 3-14　通过确定圆弧上的起点、端点、
　　　　　半径绘制一段圆弧

图 3-15　通过确定圆弧上的圆心、起点、
　　　　　端点绘制一段圆弧

9. 通过确定圆弧上的圆心、起点、角度绘制一段圆弧

（1）在"默认"选项卡的"绘图"面板中，单击"圆弧"下拉按钮，在"圆弧"菜单中选择"圆心，起点，角度"选项。

（2）单击确定第一个点，即圆弧的圆心 O；再次单击确定第二个点，即圆弧的起点 A；最后单击确定第三个点 B（∠AOB 的角度就是圆弧的角度α），按 Enter 键，完成圆弧的绘制，如图 3-16 所示。

10. 通过确定圆弧上的圆心、起点、长度绘制一段圆弧

（1）在"默认"选项卡的"绘图"面板中，单击"圆弧"下拉按钮，在"圆弧"菜单中选择"圆心，起点，长度"选项。

（2）单击确定第一个点，即圆弧的圆心 O；再次单击确定第二个点，即圆弧的起点 A；最后单击确定第三个点，即圆弧的端点 B（线段 AB 的长度就是圆弧的弦长 D），按 Enter 键，完成圆弧的绘制，如图 3-17 所示。

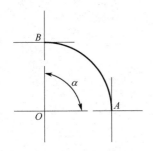

图 3-16 通过确定圆弧上的圆心、起点、角度绘制一段圆弧

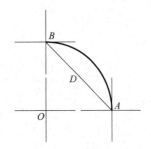

图 3-17 通过确定圆弧上的圆心、起点、长度绘制一段圆弧

11. 通过"连续"选项绘制一段圆弧

（1）绘制一条线段 AB，如图 3-18 中的水平线所示。

（2）在"默认"选项卡的"绘图"面板中，单击"圆弧"下拉按钮，在"圆弧"菜单中选择"连续"选项。

（3）此时可以看到圆弧的起点是上面绘制的线段的端点 B。单击确定圆弧的端点 C，弧 BC 的长度就是圆弧的弧长，如图 3-18 所示。

【绘图案例】

绘制通信工程光缆图，如图 3-19 所示。

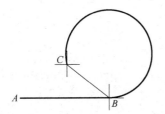

图 3-18 通过"连续"选项绘制一段圆弧

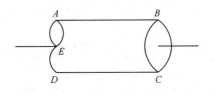

图 3-19 光缆图

```
命令: _rectang
指定第一个角点或 [倒角(C)/标高(E)/圆角(F)/厚度(T)/宽度(W)]:          //单击，确定 A 点
指定另一个角点或 [面积(A)/尺寸(D)/旋转(R)]: d
指定矩形的长度 <10.0000>: 50
指定矩形的宽度 <10.0000>: 25
指定另一个角点或 [面积(A)/尺寸(D)/旋转(R)]:                          //单击，确定 C 点
命令: _arc
```

指定圆弧的起点或 [圆心(C)]:	//单击 B 点
指定圆弧的第二个点或 [圆心(C)/端点(E)]: _e	//单击 C 点
指定圆弧的端点:	
指定圆弧的中心点(按住 Ctrl 键以切换方向)或 [角度(A)/方向(D)/半径(R)]: _r	
指定圆弧的半径(按住 Ctrl 键以切换方向): 15	

执行上面命令后的绘制效果如图 3-20 所示。

命令: _mirror	
选择对象: 找到 1 个	//选择弧线 BC
选择对象: 指定镜像线的第一点:	//单击 B 点
指定镜像线的第二点:	//单击 C 点
要删除源对象吗? [是(Y)/否(N)] <否>: n	
命令: _copy 找到 1 个	//选择 B 点、C 点间的两条弧线
当前设置: 复制模式 = 多个	
指定基点或 [位移(D)/模式(O)] <位移>:	//单击 B 点
指定第二个点或 [阵列(A)] <使用第一个点作为位移>:	//单击 A 点
命令: _scale 找到 1 个	//选择弧线 AD
指定基点:	//单击 A 点
指定比例因子或 [复制(C)/参照(R)]: 0.5	
命令: _copy 找到 1 个	//选择 A 点、E 点间的两条弧线
当前设置: 复制模式 = 多个	
指定基点或 [位移(D)/模式(O)] <位移>:	//单击 E 点
指定第二个点或 [阵列(A)] <使用第一个点作为位移>:	//单击 D 点

执行上面命令后的绘制效果如图 3-21 所示。

图 3-20　绘制效果（一）

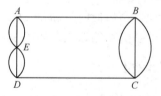

图 3-21　绘制效果（二）

命令: _trim	
当前设置:投影=UCS，边=无	
选择剪切边... 找到 1 个	//选择矩形 ABCD
选择要修剪的对象，或按住 Shift 键选择要延伸的对象，或 [栏选(F)/窗交(C)/投影(P)/边(E)/删除(R)/放弃(U)]:	//单击线段 AD
命令: _erase 找到 1 个	//删除弧线 E 点、D 点中右侧的弧线
命令: _line	//创建左侧铜线
指定第一个点:	//单击 E 点
指定下一点或 [放弃(U)]: 20	
命令: _line	//创建右侧铜线
指定第一个点:	//单击线段 BC 的中点
指定下一点或 [放弃(U)]: 20	
命令: _trim	
当前设置:投影=UCS，边=无	
选择剪切边... 找到 1 个	//选择矩形 ABCD

选择要修剪的对象，或按住 Shift 键选择要延伸的对象，或 [栏选(F)/窗交(C)/投影(P)/边(E)/删除(R)/放弃(U)]:	//单击线段 BC

完成绘制效果如图 3-19 所示。

3.1.3 绘制椭圆

椭圆是一种封闭的曲线图形，其大小由长轴和短轴决定。

【启动命令】

菜单栏：执行"绘图"→"椭圆"命令。

工具栏：单击"绘图"面板中的"椭圆"图标。

命令：ELLIPSE 或快捷命令 EL。

【命令选项】

● 圆心（C）：指定圆心创建椭圆。

● 轴，端点（E）：先确定两个点，以确定椭圆第一条轴的位置和轴长；再确定一个点，以确定椭圆第二条轴的半轴长。

● 椭圆弧（A）：先确定两个点，以确定椭圆第一条轴的位置和轴长；再确定一个点，以确定椭圆第二条轴的半轴长；再确定两个点，分别用来确定椭圆弧的起点和端点。

【操作方法】

1. 通过"圆心"选项绘制一个椭圆

（1）在"默认"选项卡的"绘图"面板中，单击"椭圆"下拉按钮，在"椭圆"菜单中选择"圆心"选项。

（2）单击确定第一个点，即椭圆的圆心 O。

（3）单击确定第二个点，即点 A，确定椭圆第一条轴的位置和半轴长。半轴长即线段 OA 的长度。

（4）单击确定第三个点，即点 B，确定椭圆第二条轴的位置和半轴长，如图 3-22 所示。半轴长即线段 OB 的长度。

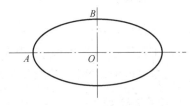

图 3-22 通过"圆心"选项绘制一个椭圆

2. 通过"轴，端点"选项绘制一个椭圆

（1）在"默认"选项卡的"绘图"面板中，单击"椭圆"下拉按钮，在"椭圆"菜单中选择"圆心"选项。

（2）单击确定第一个点，即椭圆第一条轴的左顶点 A。

（3）单击确定第二个点，即点 B，确定椭圆第一条轴的位置和轴长。轴长即线段 AB 的长度。

（4）单击确定第三个点，即点 C，确定椭圆第二条轴的位置和半轴长，如图 3-23 所示。半轴长即线段 OC 的长度。

3. 通过"椭圆弧"选项绘制一个椭圆弧

（1）在"默认"选项卡的"绘图"面板中，单击"椭圆"下拉按钮，在"椭圆"菜单中选择"椭圆弧"选项。

（2）单击确定第一个点，即椭圆第一条轴的左顶点 A。

（3）单击确定第二个点，即点 B，确定椭圆第一条轴的位置和轴长。轴长即线段 AB 的长度。

（4）单击确定第三个点，即点 C，确定椭圆第二条轴的位置和半轴长。半轴长即线段 OC 的长度。

（5）单击确定第四个点，即点 D，是椭圆弧的起点；单击确定第五个点，即椭圆弧的端点 E，如图 3-24 所示。

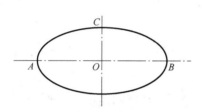

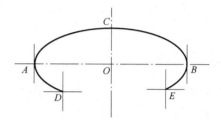

图 3-23　通过"轴，端点"选项绘制一个椭圆　　图 3-24　通过"椭圆弧"选项绘制一个椭圆弧

3.1.4　绘制样条曲线

样条曲线用于创建形状不规则的曲线。它通过一组控制点或拟合点来控制曲线的形状。

【启动命令】

菜单栏：执行"绘图"→"样条曲线"命令。

工具栏：单击"绘图"面板中的"样条曲线"图标。

命令：SPLINE 或快捷命令 SPL。

【命令选项】

● 方式（M）：选择使用拟合点还是控制点来创建样条曲线。

● 节点（K）：调整样条曲线中连续拟合点之间的曲线。

● 对象（O）：把多段线转换成样条曲线。

【绘图案例】

绘制通信工程中的无线天线杆，如图 3-25 所示。

```
命令：_line                              //创建线段 AB
指定第一个点：                            //单击 A 点
指定下一点或 [放弃(U)]: 5
指定下一点或 [放弃(U)]: @35<93            //创建线段 BC
```

```
命令: _line
指定第一个点:                                    //单击 A 点
指定下一点或 [放弃(U)]: @35<87                  //创建线段 AD
命令: _line
指定第一个点:                                    //单击 C 点
指定第一个点或 [放弃(U)]:                         //单击 D 点，按 Enter 键完成线段 CD 的绘制
指定第一个点:                                    //单击线段 CD 的中点 E
指定下一点或 [放弃(U)]: 8                        //修改线宽为 0.3mm 并创建顶端线段 EF
命令: _SPLINE
当前设置: 方式=拟合    节点=弦
指定第一个点或 [方式(M)/节点(K)/对象(O)]: _M
输入样条曲线创建方式 [拟合(F)/控制点(CV)] <拟合>: _FIT
当前设置: 方式=拟合    节点=弦
指定第一个点或 [方式(M)/节点(K)/对象(O)]:         //单击，确定 G 点
输入下一个点或 [起点切向(T)/公差(L)]:              //单击，确定 H 点
输入下一个点或 [端点相切(T)/公差(L)/放弃(U)]:       //单击，确定 I 点
输入下一个点或 [端点相切(T)/公差(L)/放弃(U)/闭合(C)]:  //单击，确定 J 点
```

执行上面命令后的绘制效果如图 3-26 所示。

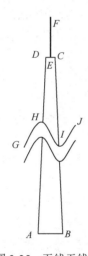

图 3-25　无线天线杆

图 3-26　绘制效果

```
命令: _copy 找到 1 个
当前设置: 复制模式 = 多个
指定基点或 [位移(D)/模式(O)] <位移>:              //单击 G 点
指定第二个点或 [阵列(A)] <使用第一个点作为位移>: 3
命令: _trim                                    //先选择两条样条曲线，然后执行此命令
当前设置: 投影=UCS，边=无
选择剪切边... 找到 1 个                          //两条样条曲线
选择要修剪的对象，或按住 Shift 键选择要延伸的对象，或 [栏选(F)/窗交(C)/投影(P)/边(E)/删除
(R)/放弃(U)]:                                  //单击两条样条曲线中间的斜线段
```

绘制效果如图 3-25 所示。

3.2 修 改 图 形

3.2.1 设置点样式

设置点的样式，每个点都是一个独立的几何元素。用户可以根据自身要求自定义点的样式和大小，以便查看和进行区分。在同一通信工程图中，只能有一种点样式。每次修改点样式，该图纸中的所有点的样式都会随之发生改变。

【启动命令】

菜单栏：执行"格式"→"点样式"命令。

图 3-27 "点样式"对话框

命令：DDPTYPE。

【命令选项】

● 相对于屏幕设置大小（R）：按照屏幕尺寸设置点的大小。
● 按绝对单位设置大小（A）：按照绝对单位设置点的大小，执行缩放命令会影响显示的点的大小。

【操作步骤】

（1）在命令行中输入"DDPTYPE"，按 Enter 键，弹出"点样式"对话框，如图 3-27 所示。

（2）用户根据自身需求选择点样式，单击"确定"按钮，即可完成点样式的设置。

3.2.2 镜像图形

镜像命令是将图形对象的副本与源对象形成关于指定镜像线对称的图形，决定镜像线的两个点可以是任意位置的点。在执行完镜像命令时，可以选择是否保留源对象。

【启动命令】

菜单栏：执行"修改"→"镜像"命令。

工具栏：单击"绘图"面板中的"镜像"图标。

命令：MIRROR 或快捷命令 MI。

【命令选项】

● 选择对象：选择需要进行镜像操作的源对象。
● 指定镜像线的第一个点：输入镜像线的第一个点。

- 指定镜像线的第二个点：输入镜像线的第二个点。
- 是否删除源对象：选择"是"将删除源对象，选择"否"将保留源对象。

【绘图案例】

已知上方椭圆和线段 AB，要求创建与上方椭圆关于线段 AB 对称的椭圆副本，如图 3-28 所示。

操作步骤如下。

（1）选择"椭圆"菜单中的"圆心"选项，创建椭圆，椭圆长半轴长为 40mm，短半轴长为 20mm。

（2）在椭圆正下方 30mm 处绘制线段 AB，该线段长为 150mm，如图 3-29 所示。

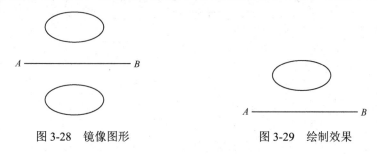

图 3-28　镜像图形　　　　　　　　　　　图 3-29　绘制效果

（3）在命令行中输入"MIRROR"，按 Enter 键。

（4）单击上方椭圆，按 Enter 键，完成镜像源对象的选择。

（5）依次单击点 A 和点 B，完成镜像线的选择。

（6）在命令行中输入"n"，保留源对象，最终效果如图 3-28 所示。

3.2.3　缩放图形

缩放命令用于以基点为参照，改变已有对象的尺寸。该命令也可以实现整个对象沿 X 轴、Y 轴、Z 轴方向按比例放大或缩小。

【启动命令】

菜单栏：执行"修改"→"缩放"命令。

工具栏：单击"绘图"面板中的"缩放"图标。

命令：SCALE 或快捷命令 SC。

【命令选项】

- 比例因子：设置图形的缩放比例，在选择对象并指定基点后，从基点到十字光标所处位置会出现一条虚线，虚线的长度就是比例因子；也可以通过在命令行中键入数值来指定比例因子。
- 复制（C）：若选择此选项，则会先复制缩放对象再进行缩放，即保留源对象。

● 参照（R）：若选择此选项，则通过输入参照长度值进行比例缩放。如果新的参照长度比原有长度大，则放大对象；反之，如果新的参照长度比原有长度小，则缩小对象。当选择"点（P）"选项时，通过选取的两个点来定义对象新的长度。

【绘图案例】

缩放图形如图 3-30 所示。绘制矩形 *ABCD*，以及左、右侧弧线，要求左侧两段弧线为右侧两段弧线的一半。

（1）执行以下命令，创建长为 50mm、宽为 25mm 的矩形 *ABCD* 和左、右两侧的弧线。

```
命令: _rectang
指定第一个角点或 [倒角(C)/标高(E)/圆角(F)/厚度(T)/宽度(W)]:        //单击，确定 A 点
指定另一个角点或 [面积(A)/尺寸(D)/旋转(R)]: d
指定矩形的长度 <10.0000>: 50
指定矩形的宽度 <10.0000>: 25
指定另一个角点或 [面积(A)/尺寸(D)/旋转(R)]:                    //单击，确定 C 点
命令: _arc
指定圆弧的起点或 [圆心(C)]:                                  //单击 B 点
指定圆弧的第二个点或 [圆心(C)/端点(E)]: _e                    //单击 C 点
指定圆弧的端点:
指定圆弧的中心点(按住 Ctrl 键以切换方向)或 [角度(A)/方向(D)/半径(R)]: _r
指定圆弧的半径(按住 Ctrl 键以切换方向): 15
命令: _mirror
选择对象: 找到 1 个                                          //选择圆弧 BC
选择对象: 指定镜像线的第一点:                                //单击 B 点
指定镜像线的第二点:                                          //单击 C 点
要删除源对象吗? [是(Y)/否(N)] <否>: n
命令: _copy 找到 2 个                                        //选择 B 点和 C 点间的两条圆弧
当前设置: 复制模式 = 多个
指定基点或 [位移(D)/模式(O)] <位移>:                          //单击 B 点
指定第二个点或 [阵列(A)] <使用第一个点作为位移>:              //单击 A 点
```

执行上面的命令后的绘制效果如图 3-31 所示。

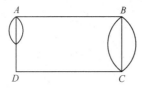

图 3-30 缩放图形

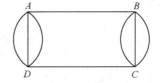

图 3-31 绘制效果

（2）执行以下命令，把线段 *AD* 上的弧线缩小为原来的 0.5，如图 3-30 所示。

```
命令: _scale
选择对象: 找到 1 个                           //选择线段 AD 上的圆弧
指定基点:                                     //单击 A 点
指定比例因子或 [复制(C)/参照(R)]             //输入比例因子"0.5"，按 Enter 键完成绘图
```

3.2.4 拉伸图形

拉伸可以按照指定方向或角度将图形对象拉长或缩短。经过拉伸的图形对象其形状会发生改变。拉伸图形需要指定基本点和移置点，且只能以交叉窗口或交叉多边形的形式选择要拉伸的对象。

【启动命令】

菜单栏：执行"修改"→"拉伸"命令。

工具栏：单击"绘图"面板中的"拉伸"图标。

命令：STRETCH 或快捷命令 STR。

【命令选项】

● 窗交（C）：只能以交叉窗口或交叉多边形的形式来选择要拉伸的对象。

● 系统会根据指定的两个点的向量距离来拉伸对象，如果直接按 Enter 键，则默认采用第一个指定的点作为 X 轴和 Y 轴的分量值。

【绘图案例】

已知光缆图如图 3-32 所示，要求对光缆图进行拉伸操作，拉伸效果如图 3-33 所示。

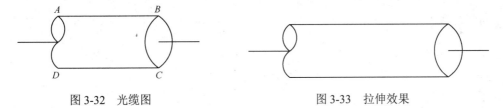

图 3-32   光缆图   图 3-33   拉伸效果

操作步骤如下。

（1）打开如图 3-32 所示的光缆图文件。

（2）在命令行中输入"STRETCH"，按 Enter 键。

（3）用交叉窗口形式选择光缆图右侧部分，如图 3-34 所示，并按 Enter 键。

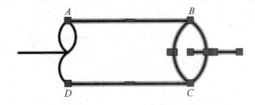

图 3-34   用交叉窗口形式选择光缆图右侧部分

（4）单击点 A，将其作为拉伸图形对象的基点。

（5）向右拖曳鼠标即可拉伸图形。用户可自主选择拉伸距离。

（6）再次单击，完成图形拉伸操作，效果如图 3-33 所示。

3.3　阵列图形

　　阵列是指复制源对象，并把相应副本按矩形或环形排列。若副本按矩形排列，则称为矩形阵列；若副本按环形排列，则称为环形阵列。阵列对象的数量、角度或距离可以由用户自主设定。

【启动命令】

　　菜单栏：执行"修改"→"阵列"命令。
　　命令：ARRAY 或快捷命令 AR。

【命令选项】

- 矩形（R）：允许用户指定行数和列数来排列副本。用户可以定义阵列的间距（包括水平距离和垂直距离）、行数和列数，以及阵列的旋转角度。
- 极轴（PO）：将副本围绕中心点或旋转轴均匀分布。
- 路径（PA）：将副本沿路径或部分路径分布。

3.3.1　矩形阵列

【启动命令】

　　菜单栏：执行"修改"→"阵列"→"矩形阵列"命令。
　　工具栏：单击"绘图"面板中的"矩形阵列"图标。
　　命令：ARRAYRECT。

【命令选项】

- 关联（AS）：设置是否关联阵列对象。
- 基点（B）：设置阵列的参考点。
- 计数（COU）：按步骤分别设置矩形阵列的行数、列数。
- 间距（S）：按步骤分别设置矩形阵列的行间距、列间距。
- 列数（COL）：按步骤分别设置矩形阵列的列数及列间距。
- 行数（R）：按步骤分别设置矩形阵列的行数及行间距。
- 层数（L）：设置层数。
- 退出（X）：退出矩形阵列编辑状态。

【绘图案例】

　　通过矩形阵列绘制 6×12 芯一体化终端盒，如图 3-35 所示。

模块	端子使用情况											
	1	2	3	4	5	6	7	8	9	10	11	12
A	●	●	●	●	●	●	●	●	●	●	●	●
B	●	●	●	●	●	●	●	●	●	●	●	●
C	●	●	●	●	●	●	●	●	●	○	○	○
D	○	○	○	○	○	○	○	○	○	○	○	○
E	○	○	○	○	○	○	○	○	○	○	○	○
F	○	○	○	○	○	○	○	○	○	○	○	○

图 3-35　6×12 芯一体化终端盒

操作步骤如下。

（1）创建一个 8 行、13 列表格，其中第一列宽度为 70mm，其余列宽为 37mm，每行高度为 27mm。

（2）在表格左上角第一个单元格中输入"模块"，在顶部单元格中输入"端子使用情况"。

（3）对于"模块"单元格对应的第二行，从第二列开始在单元格中依次输入数字 1～12。

（4）对于第一列，从第二行开始，在单元格中依次输入字符 A～F，绘制效果如图 3-36 所示。

模块	端子使用情况											
	1	2	3	4	5	6	7	8	9	10	11	12
A												
B												
C												
D												
E												
F												

图 3-36　绘制效果（一）

（5）在 A1 格的居中位置，绘制一个直径为 10mm 的圆，绘制效果如图 3-37 所示。

模块	端子使用情况											
	1	2	3	4	5	6	7	8	9	10	11	12
A	○											
B												
C												
D												
E												
F												

图 3-37　绘制效果（二）

（6）执行下列命令，创建一个 6 行、12 列的矩形阵列。

命令: _arrayrect 找到 1 个　　　　　　　　　　　　　　//选中 A1 格中的圆
类型 = 矩形　关联 = 是
选择夹点以编辑阵列或 [关联(AS)/基点(B)/计数(COU)/间距(S)/列数(COL)/行数(R)/层数(L)/退出(X)] <退出>: col
输入列数或 [表达式(E)] <4>: 12
指定 列数 之间的距离或 [总计(T)/表达式(E)] <30.081>: 37 //矩形阵列为 12 列，每列间距为 37mm
选择夹点以编辑阵列或 [关联(AS)/基点(B)/计数(COU)/间距(S)/列数(COL)/行数(R)/层数(L)/退出(X)] <退出>: r
输入行数或 [表达式(E)] <3>: 6
指定 行数 之间的距离或 [总计(T)/表达式(E)] <30.081>: 27 //矩形阵列为 6 行，每行间距为 27mm

执行上面的命令后的效果如图 3-38 所示。

模块	端子使用情况											
	1	2	3	4	5	6	7	8	9	10	11	12
A	○	○	○	○	○	○	○	○	○	○	○	○
B	○	○	○	○	○	○	○	○	○	○	○	○
C	○	○	○	○	○	○	○	○	○	○	○	○
D	○	○	○	○	○	○	○	○	○	○	○	○
E	○	○	○	○	○	○	○	○	○	○	○	○
F	○	○	○	○	○	○	○	○	○	○	○	○

图 3-38　绘制效果（三）

（7）在命令行中输入"BHATCH"，将图案设置为 SOLID，对 A1～C10 格进行填充，用于表示"已使用"状态，最终效果如图 3-35 所示。

3.3.2　环形阵列

【启动命令】

菜单栏：执行"修改"→"阵列"→"环形阵列"命令。
工具栏：单击"绘图"面板中的"环形阵列"图标。
命令：ARRAYPOLAR。

【命令选项】

● 关联（AS）：设置是否关联阵列对象。
● 基点（B）：设置阵列的基点。
● 项目（I）：设置环形阵列的项目数。
● 项目间角度（A）：设置环形阵列各项目间的角度。

- 填充角度（F）：设置环形阵列的填充角度。
- 层数（L）：设置环形阵列的层数。
- 退出（X）：退出环形阵列编辑状态。

【绘图案例】

绘制光缆占用子管示意图，如图 3-39 所示，打叉部分表示该子管已被光缆占用。

操作步骤如下。

（1）绘制图形对象（见图 3-40）。大圆的半径为 30mm；小圆使用"相切，相切，半径"选项来绘制，且小圆的半径为 8mm。

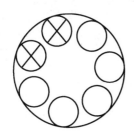

图 3-39　光缆占用子管示意图

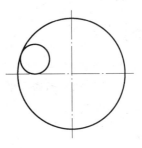

图 3-40　绘制效果（一）

（2）执行以下命令，创建环形阵列。

```
命令: _arraypolar
选择对象: 找到 1 个                              //选中图 3-40 中的小圆
类型 = 极轴  关联 = 是
指定阵列的中心点或 [基点(B)/旋转轴(A)]:          //选中大圆的圆心，将其作为基点
选择夹点以编辑阵列或 [关联(AS)/基点(B)/项目(I)/项目间角度(A)/填充角度(F)/行(ROW)/层(L)/旋
转项目(ROT)/退出(X)] <退出>: i
输入阵列中的项目数或 [表达式(E)] <6>: 6          //设置环形阵列的项目为 6 个
选择夹点以编辑阵列或 [关联(AS)/基点(B)/项目(I)/项目间角度(A)/填充角度(F)/行(ROW)/层(L)/旋
转项目(ROT)/退出(X)] <退出>: a
指定项目间的角度或 [表达式(EX)] <60>: 60         //设置环形阵列各项目间的角度为 60°
选择夹点以编辑阵列或 [关联(AS)/基点(B)/项目(I)/项目间角度(A)/填充角度(F)/行(ROW)/层(L)/旋
转项目(ROT)/退出(X)] <退出>: f
指定填充角度(+=逆时针、-=顺时针)或 [表达式(EX)] <360>: 360//设置环形阵列的填充角度为 360°
选择夹点以编辑阵列或 [关联(AS)/基点(B)/项目(I)/项目间角度(A)/填充角度(F)/行(ROW)/层(L)/旋
转项目(ROT)/退出(X)] <退出>: row
输入行数数或 [表达式(E)] <1>: 1                  //设置环形阵列的行数为 1
指定 行数 之间的距离或 [总计(T)/表达式(E)] <24>: 24
指定 行数 之间的标高增量或 [表达式(E)] <0>: 0
```

执行上述命令后的绘制效果如图 3-41 所示。

（3）执行直线绘图命令，在小圆中绘制十字，并旋转 50°，效果如图 3-42 所示。

（4）重复步骤（3），完成光缆占用子管示意图的绘制，效果如图 3-39 所示。

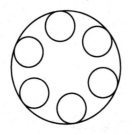

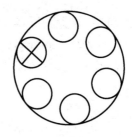

图 3-41　绘制效果（二）　　　　　　　　图 3-42　绘制效果（三）

3.3.3　路径阵列

【启动命令】

菜单栏：执行"修改"→"阵列"→"路径阵列"命令。
工具栏：单击"绘图"面板中的"路径阵列"图标。
命令：ARRAYPATH。

【命令选项】

● 关联（AS）：设置是否关联阵列对象。
● 基点（B）：设置阵列的基点。
● 方法（M）：选择路径阵列方法是定数等分还是定距等分。
● 切向（T）：设置路径阵列的切向。
● 项目（I）：设置路径阵列的项目数。
● 行（R）：设置路径阵列的行数。
● 层（L）：设置路径阵列的层数。
● 对齐项目（A）：设置路径阵列各项目是否对齐。
● 方向（Z）：设置项目是否保持原始 Z 轴方向或沿路径方向自然倾斜。
● 退出（X）：退出路径阵列编辑状态。

【绘图案例】

绘制沿样条曲线分布的路径阵列，如图 3-43 所示。
操作步骤如下。
（1）绘制类似"～"的样条曲线，以及半径为 5mm 的圆，效果如图 3-44 所示。

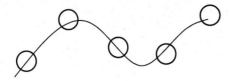

图 3-43　路径阵列　　　　　　　　　　　图 3-44　绘制效果（一）

（2）执行下列命令，创建路径阵列。

```
命令: _arraypath 找到 1 个                          //选中图 3-44 中的圆
类型 = 路径  关联 = 是
选择路径曲线:
选择夹点以编辑阵列或 [关联(AS)/方法(M)/基点(B)/切向(T)/项目(I)/行(R)/层(L)/对齐项目(A)/z 方
向(Z)/退出(X)] <退出>: m
输入路径方法 [定数等分(D)/定距等分(M)] <定距等分>: m    //设置路径阵列方法为定距等分
选择夹点以编辑阵列或 [关联(AS)/方法(M)/基点(B)/切向(T)/项目(I)/行(R)/层(L)/对齐项目(A)/z 方
向(Z)/退出(X)] <退出>: i
指定沿路径的项目间的距离或 [表达式(E)] <15>: 30
最大项目数 = 5
指定项目数或 [填写完整路径(F)/表达式(E)] <5>: 5    //设置项目数为 5，项目间距为 30mm
选择夹点以编辑阵列或 [关联(AS)/方法(M)/基点(B)/切向(T)/项目(I)/行(R)/层(L)/对齐项目(A)/z 方
向(Z)/退出(X)] <退出>: r
输入行数或 [表达式(E)] <1>: 1, 列数为 5
指定 行数 之间的距离或 [总计(T)/表达式(E)] <15>: 15
指定 行数 之间的标高增量或 [表达式(E)] <0>: 0    //设置路径阵列行数为 1，列数为 5
```

执行上述命令后的绘制效果如图 3-43 所示。

3.4　训练任务：绘制传输机柜光缆成端平面图

【任务背景】

在绘制传输工程和设备工程图纸时，经常需要绘制设备图。设备图说明了机架、设备和设备的端口分配情况，并附加了图表说明。设备图能有效地指导设备的采购、安装。设备图应清晰表示新增设备与原有设备位置，明确显示端口的占用与备用信息。

【任务目标】

绘制传输机柜光缆成端平面图。

【任务要求】

绘制传输机柜光缆成端平面图，如图 3-45 所示。要求在机架上新增一体化终端盒，在图中标注端口占用位置。

【任务分析】

观察并分析图纸，结合任务要求把任务分为以下部分。

（1）光缆工程图纸在 A3 图幅上绘制，主图绘制在图纸左侧，在原有机架上新增一体化终端盒，新增设备位置的线宽加粗；端口成端信息表绘制在图纸右侧，并标注编号信息；同时在图纸右侧绘制机框信息表和图例。

（2）图中机架高度为 2300mm，A3 图幅高度为 297mm，需要把 A3 图幅放大相应倍数；机架边框和每层机框可以通过执行偏移命令绘制。

（3）端口成端信息表绘制。设备资源端口分配表可根据系统原理图的链路情况及设备布线表信息进行编制。在实际工程中常使用表格或绘制图框并将其制作成块两种方式编制设备资源端口分配表。其中，绘制图框并将其制作成块的方式便于日后工程中再次调用。端口图形可使用矩阵阵列命令绘制。

（4）机框信息表中包含的信息有机框编码、机框名称、机框类型名称、配置是否符合，它是制作设备标签的依据。

（5）完成图例的绘制。

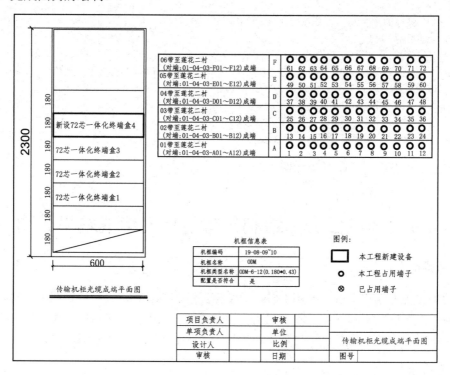

图 3-45　传输机柜光缆成端平面图

【任务实施】

（1）打开"通信工程.dwt"模板文件，把图纸放大 15 倍左右，以便进行 1∶1 绘图。

（2）通过执行直线绘图命令、偏移命令、修剪命令绘制机架。

（3）通过执行矩形绘图命令、直线绘图命令、矩形阵列命令、分解命令绘制端口成端信息表。

（4）制作机框信息表、图例。

（5）使用"通信工程"文字样式绘制工程图注释。

【拓展练习】

均安医院住院部 R 基站新增设备，绘制均安医院住院部 R 无线机房 01 无线基站机房设备布置平面图，如图 3-46 所示。

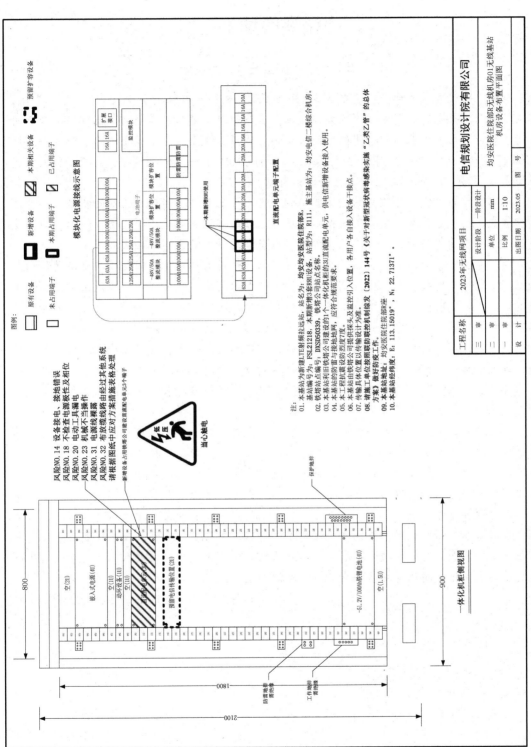

图 3-46 均安医院住院部 R 无线基站机房 01 无线基站机房设备布置平面图

【拓展阅读】

培养造就更多大国工匠（人民论坛）

全国人大代表孙景南是一名电焊工。30 多年间，她和同事解决了一个个生产技术难题，完成了多项焊接工艺创新和技术攻关，见证了我国轨道交通从"追赶者"到"领跑者"的奋进历程，自己也成长为同行中的佼佼者。白天干活、晚上练习，满手满胳膊都是高温焊花留下的印记……"何为'匠'？就是在专业领域中对自己'斤斤计较'，久经磨砺方能实现突破。"孙景南道出了自己对工匠精神的理解。

环顾当今世界，综合国力的竞争归根到底是人才的竞争、劳动者素质的竞争。高素质劳动者众多的人才优势，是我们的信心和底气。继续巩固和拓展这个优势，培养更多高素质技能人才、能工巧匠、大国工匠，方能以人口高质量发展支撑中国式现代化。

千工易寻，一匠难求。我国持续保持世界第一制造大国地位，正处于从制造大国向制造强国迈进的重要关口期，中国制造向中国创造加速迈进，技能成才、技能报国之路越走越宽广。在如牛皮纸般薄的钢板上焊接长征火箭"心脏"，不出一个漏点；把"蛟龙号"潜水器密封精度控制在头发丝的 1/50……大国工匠以久久为功的钻研和创新，成就了一个个"高光时刻"，有力托举中国制造、中国建造、中国创造。目前，我国技能人才总量超 2 亿人，高技能人才超 6000 万人。同时，我国技能劳动者的有效需求人数与有效求职人数之比一直在 1.5 以上。"千金在手不如一技傍身"，努力掌握一技之长，一定能在自己的赛道上创造不凡业绩，成就出彩人生。

工匠精神，既是"择一事终一生"的执着，也是"偏毫厘不敢安"的细致，还是"千万锤成一器"的追求。褒扬工匠情怀、涵养工匠文化，才能让"执着专注、精益求精、一丝不苟、追求卓越"成为普遍追求，激励广大技能劳动者把工匠精神蕴藏的巨大能量，倾注于一个个零件、一道道工序、一次次试验，在平凡岗位上绽放独特光彩。

新时代大舞台，技能人才发展机遇无限。切削零件能享受国务院政府特殊津贴，砌墙能代表国家参加国际大赛，继电保护做精了也可取得多项国家专利。让学技能有学头、有盼头、更有奔头，支持劳动者在本行业本领域担大任、干大事、成大器、立大功，培养造就更多大国工匠，高质量发展就有了澎湃动能和坚实依托。

资料来源：《人民日报》，2024 年 3 月 11 日

项目4

绘制基站设备平面图

项目要求

【知识目标】

◆ 掌握管理图层的方法。

◆ 掌握表格的使用方法。

◆ 熟练执行修剪命令、延伸命令、合并命令、分解命令修改图形。

◆ 熟悉基站设备平面图设计要求。

【能力目标】

◆ 会设计基本的基站设备平面图。

◆ 能够使用图层管理基站设备平面图的多种线型。

◆ 能熟练制作设备表、材料表、工程量表等。

4.1 图 层 管 理

图层是 AutoCAD 中用于组织和管理图形对象的关键组件，每个图层都可以拥有独特的属性，如线型、线宽和颜色。在同一图层上创建的所有图形对象都会继承该图层的属性。当修改某一图层的线型、线宽、颜色等属性时，该图层上的所有图形对象都会随之改变。例如，在将图层特征属性设置为隐藏时，该图层上的所有图形对象都会隐藏，即处于不可见状态。一张完整的通信工程图通常是由多个图层组合而成的。图层结构如图 4-1 所示。

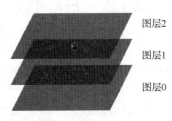

图 4-1 图层结构

在绘制通信工程图时，用户可以根据自身需求创建不同图层，对图形对象进行归类与管理。这样做一方面可以降低绘图和修改过程的复杂性，另一方面便于后续对工程图进行查阅、修改、打印等操作。

4.1.1 图层特性管理器

图层特性管理器是编辑和管理图层的工具。利用图层特性管理器可以进行的操作有锁定与解锁图层、冻结与解冻图层、过滤图层、删除图层等，利用图层特性管理器还可以对每个图层的名称、线型、颜色等属性进行设置。

【启动命令】

菜单栏：执行"格式"→"图层"命令。
工具栏：在"默认"选项卡中单击"图层"面板中的"图层"图标。
命令：LAYER 或快捷命令 L。

【操作步骤】

在命令行中输入"LAYER"，按 Enter 键，弹出"图层特性管理器"面板，如图 4-2 所示。

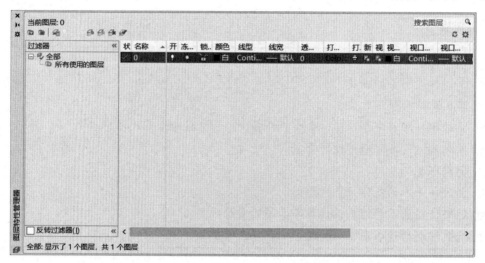

图 4-2 "图层特性管理器"面板

4.1.2 新建图层

创建一个图层，该图层会默认保持"图层特性管理器"面板中选中的除状态、名称、说明等属性外的其他属性，用户可以根据自身需求修改图层属性。

在 AutoCAD 中，每个图形文件都会生成一个默认图层，该图层的名称为 0，颜色为白，线型为 Continuous、线宽为默认。

在拥有多个图层的情况下，用户修改指定图层属性会影响该图层上绘制的所有图形对象，但不会影响其他图层上绘制的图形对象。

【操作步骤】

（1）在"图层特性管理器"面板中，单击"新建图层"图标（ 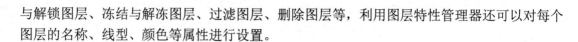 ）（见图 4-3 所示）。此时系统会在图层 0 下方创建一个新图层，且该图层处于当前状态。

（2）如果需要修改图层属性，就单击状态为当前图层的栏对应的属性。

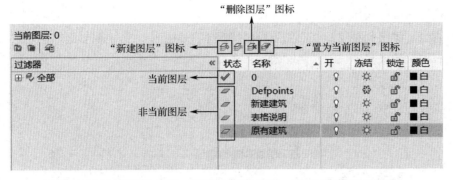

图 4-3 "新建图层"图标、"删除图层"图标、"置为当前图层"图标

4.1.3 置为当前图层

置为当前图层操作用来把所选图层置为当前图层。在绘制图形对象时，将会把当前图层对应属性作为图形对象的默认属性。当前图层具有唯一性。

【操作方法】

（1）单击：在"图层特性管理器"面板中，先单击需要置为当前图层的图层，使该图层处于被选中状态；再单击"置为当前图层"图标（见图 4-3）。此时所选图层对应"状态"栏的图标为" ✔ "，表示成功把所选图层置为当前图层。

（2）双击：在"图层特性管理器"面板中，双击需要置为当前图层的图层，即可把所选图层置为当前图层。

（3）通过右键快捷菜单：在"图层特性管理器"面板中，单击需要置为当前图层的图层，右击，在弹出的右键快捷菜单中执行"置为当前"命令。

（4）工具栏：在工具栏的"默认"选项卡中找到"图层"面板，单击右上侧的下拉按钮，在打开的下拉列表中选择需要置为当前图层的图层，如图 4-4 所示。

【要点提示】

图 4-4 "置为当前图层"下拉列表

（1）当所选图层对应"状态"栏图标为" ✔ "时，表示所选图层为当前图层，此时绘制的图形对象属于所选图层。

（2）当所选图层对应"状态"栏图标为" ▱ "时，表示所选图层非当前图层，此时绘制的图形对象不属于所选图层。

4.1.4 删除图层

在绘制通信工程图时，可能会有多余图层，此时可以删除该图层。

【操作方法】

（1）"删除图层"图标：在"图层特性管理器"面板中，选中需要删除的图层，单击"删除图层"图标即可删除所选图层。

（2）通过右键快捷菜单：在"图层特性管理器"面板中，选中需要删除的图层，右击，在弹出的右键快捷菜单中执行"删除图层"命令，如图4-5所示，即可删除所选图层。

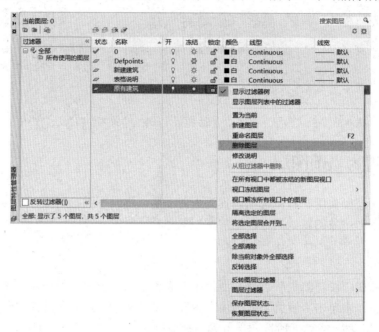

图 4-5 删除图层

【要点提示】

（1）确认图层是否处于使用状态及是否为当前图层，当图层处于使用状态时，该图层是无法删除的；当图层未使用且为当前图层时，应该将其设置为非当前图层。

（2）当图层无法删除时，可以按照提示内容排查问题。

（3）在删除所选图层时，被参照的图层是无法删除的，如图层 0、当前图层、包含图形对象的图层、依赖外部的图层等。

4.1.5 重命名图层

在新建图层时，默认该图层"名称"栏处于编辑状态，用户可以直接输入图层名称，完成图层重命名；也可以随时在"图层特性管理器"面板中先单击需要重命名的图层，再对该图层进行重命名。

对图层进行重命名可以更加清晰地表达图层的作用，让人一目了然。

【操作方法】

通过"图层特性管理器"面板：在"图层特性管理器"面板中，先单击需要重命名的图层，再单击图层的"名称"栏，输入图层名称，按 Enter 键即可，如图 4-6 所示。

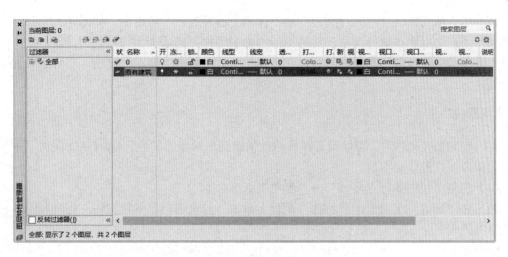

图 4-6　重命名图层

【要点提示】

（1）系统默认生成的图层 0 是无法重命名的。

（2）图层名最多可以包含 255 个字符，可以包含字母、数字、空格和几个特殊字符。

（3）对于具有多个图层的复杂图形，可以在"说明"栏中输入描述性文字进行说明。

4.1.6　设置图层颜色

AutoCAD 中的每个图层都有颜色属性，用户既可以设置图层的颜色（系统默认绘制的图形对象为当前图层的颜色），也可以单独设置图形对象的颜色。在制作通信工程图的过程中，适当对不同图层设置不同颜色，可以更明确地表达每个图层的特征。

AutoCAD 为用户提供了 7 种标准颜色，用户可以根据绘图习惯进行设置。

【命令选项】

● "索引颜色"选项卡：系统在此选项卡中提供了 255 种颜色，可以在"AutoCAD 颜色索引"表中选择需要的颜色。

● "真彩色"选项卡：此选项卡中有 2 种颜色模式，即系统默认的 HSL 模式和 RGB 模式。若将"颜色模式"设置为 HSL，则用户可以通过在色谱中移动十字光标和拖动颜色滑块来指定颜色，也可以通过在"色调"框、"饱和度"框、"亮度"框中输入指定值来指定颜色。

● "配色系统"选项卡：系统在此选项卡中提供了多种配色系统，用户可以通过配色系统指定颜色。

【操作步骤】

（1）打开"图层特性管理器"面板，单击需要修改颜色的图层，此时该图层处于被选中状态。

（2）单击所选图层对应的"颜色"栏，弹出"选择颜色"对话框，如图 4-7 所示。

（3）用户可以在"选择颜色"对话框的"索引颜色"选项卡、"真彩色"选项卡、"配色系统"选项卡中选择自己需要的颜色。在选择颜色后，单击"确定"按钮，即可完成图层颜色设置。

【绘图技巧】

在绘制通信工程图时，可能需要单独修改指定图形对象的颜色。AutoCAD 提供了多种修改颜色的方法，具体如下。

（1）在菜单栏中执行"格式"→"颜色"命令。

（2）在"默认"选项卡的"特性"面板上单击"对象颜色"下拉按钮，打开如图 4-8 所示的下拉列表。

（3）在命令行中输入"COLOR"或"COL"，按 Enter 键。

图 4-7　"选择颜色"对话框　　　　图 4-8　"对象颜色"下拉列表

4.1.7　设置图层线型

用户可以根据自身需求为不同图层设置不同线型，这样做能让通信工程图内容更丰富、更具体，也为绘制更多图形样式打下了根基。

图层 0 的默认线型为 Continuous。常用线型有 4 种，即粗实线、细实线、虚线、细点画线。

【操作步骤】

（1）打开"图层特性管理器"面板，单击需要修改线型的图层，此时该图层处于被选中状态。

（2）单击所选图层对应的"线型"栏，弹出"选择线型"对话框，如图 4-9 所示。

（3）单击"加载"按钮，弹出"加载或重载线型"对话框，如图 4-10 所示。

图 4-9　"选择线型"对话框

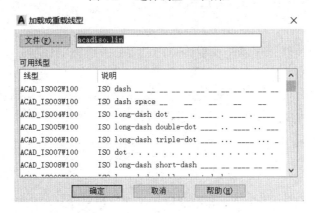

图 4-10　"加载或重载线型"对话框

（4）在弹出的"加载或重载线型"对话框中选择需要的线型，单击"确定"按钮。

（5）返回"选择线型"对话框，选择已加载的线型，如图 4-11 所示，单击"确定"按钮，即可完成图层线型设置。

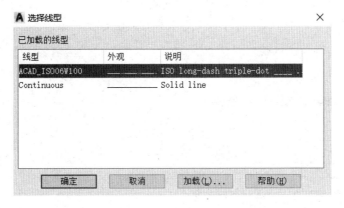

图 4-11　选择已加载的线型

【绘图技巧】

在绘制通信工程图时，可能需要单独修改指定图形对象的线型。AutoCAD 提供了多种修改线型的方法，具体如下。

（1）在菜单栏中执行"格式"→"线型"命令。

（2）在"默认"选项卡的"特性"面板上单击"对象线型"下拉按钮，打开如图 4-12 所示的下拉列表。

（3）在命令行中输入"LINETYPE"，按 Enter 键。

4.1.8　设置图层线宽

用粗细不同的线段绘制图形对象，可以使图形轮廓清晰、内容丰富。例如，轮廓线用粗实线，剖面线用细实线。

图 4-12　"对象线型"下拉列表

【操作步骤】

（1）打开"图层特性管理器"面板，单击需要修改线宽的图层，此时该图层处于被选中状态。

（2）单击所选图层对应的"线宽"栏，弹出"线宽"对话框，如图 4-13 所示。

（3）在弹出的"线宽"对话框中，选择需要的线宽，单击"确定"按钮，即可完成图层线宽的修改。

【绘图技巧】

在绘制通信工程图时，可能需要单独修改指定图形对象的线宽。AutoCAD 提供了多种修改线宽的方法，具体如下。

（1）在菜单栏中执行"格式"→"线宽"命令。

（2）在"默认"选项卡的"特性"面板上单击"对象线宽"下拉按钮，打开如图 4-14 所示的下拉列表。

（3）在命令行中输入"LINEWEIGHT"，按 Enter 键。

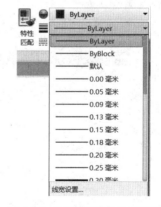

图 4-13　"线宽"对话框　　　　图 4-14　"对象线宽"下拉列表

【要点提示】

在设置了图层线宽后，该图层内的图形对象线宽却没有变化，此时用户需要执行 LWDISPLAY 命令，并在命令行中输入"on"，按 Enter 键。

4.1.9 管理图层状态

管理图层状态包括打开与关闭图层、冻结与解冻图层、锁定与解锁图层、打印与不打印图层、新视口冻结与新视口解冻图层等，如图 4-15 所示。适当地管理图层状态，可以提高工作效率，有利于对图形对象进行编辑、绘制、观察等操作。

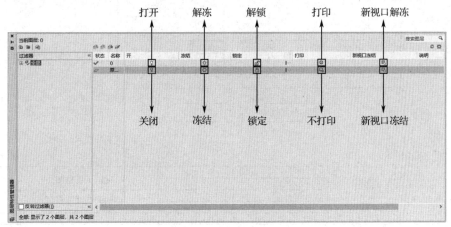

图 4-15 图层状态

【操作方法】

（1）通过"图层特性管理器"面板来控制图层状态。

（2）在"默认"选项卡的"图层"面板上单击"图层控制"下拉按钮，通过打开的下拉列表来控制图层状态。

1. 打开与关闭图层

图层可以被设定为打开或关闭状态。当图层处于关闭状态时，该图层上的所有图形对象将被隐藏。只有处于打开状态的图层中的所有图形对象才会被显示出来。

在绘制复杂图形时，通常会暂时关闭不编辑的图层，以降低图形复杂度。

【命令选项】

（1）当图层对应"开"栏中的图标为"💡"——黄色灯泡时，表示该图层处于打开状态。

（2）当图层对应"开"栏中的图标为"💡"——浅蓝色灯泡时，表示该图层处于关闭状态。

【操作步骤】

（1）打开"图层特性管理器"面板。

（2）在"图层特性管理器"面板中单击图层对应"开"栏中的图标，当图标从"💡"变成"💡"时，表示完成关闭图层操作；反之，表示完成图层打开操作。对比图 4-16 和图 4-17 可以看出，如图 4-16 所示工程图中的部分内容在如图 4-17 所示的工程图中被隐藏了，即该部分内容所处图层处于关闭状态。

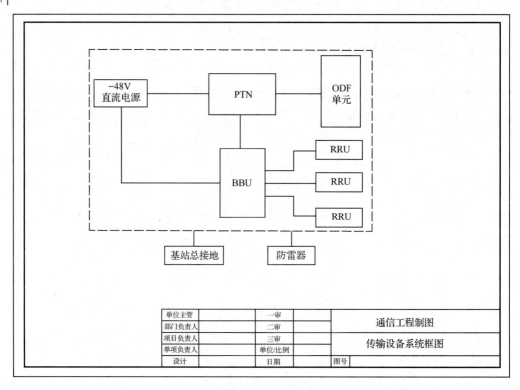

图 4-16　打开图层

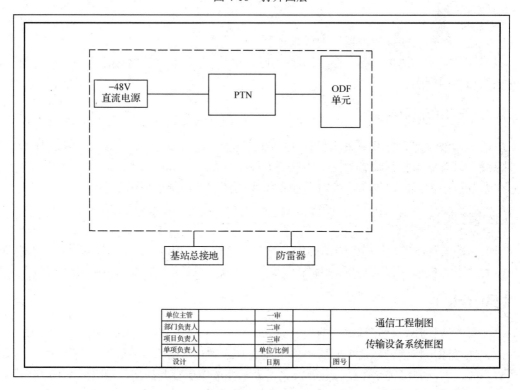

图 4-17　关闭图层

2. 冻结与解冻图层

图层可以被设定为冻结或解冻状态。当图层处于冻结状态时，该图层上的所有图形对象不会在绘制区显示，也不能被打印机打印出来，并且不会执行重生（REGEN）、缩放（SCALE）、平移（PAN）等命令。

打开与关闭图层只是单纯地隐藏图层上的图形对象，不会改变命令执行速度。在绘制复杂图形时，通常会把不编辑的图层冻结，以加快命令执行速度。

【命令选项】

（1）当图层对应"冻结"栏中的图标为"☀"——太阳时，表示该图层处于解冻状态。

（2）当图层对应"冻结"栏中的图标为"❄"——雪花时，表示该图层处于冻结状态。

【操作步骤】

（1）打开"图层特性管理器"面板。

（2）在"图层特性管理器"面板中，单击图层对应"冻结"栏中的图标，当图标从"☀"变成"❄"时，表示完成图层冻结操作；反之，表示完成图层解冻操作。对比图 4-18 和图 4-19可以看出如图 4-18 所示工程图中的标注在如图 4-19 所示的工程图中被隐藏了，即标注所处图层处于冻结状态。

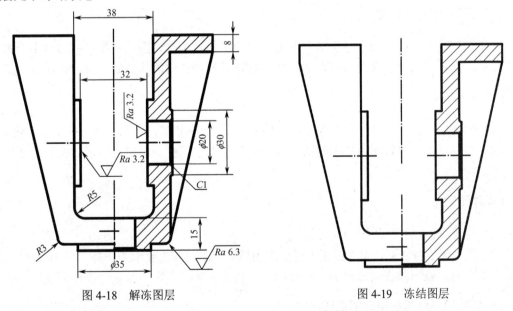

图 4-18　解冻图层　　　　　　　　　　图 4-19　冻结图层

3. 锁定与解锁图层

图层可以被设定为锁定或解锁状态。当图层被锁定时，图层中的所有图形对象仍然会显示在绘图区，但无法被编辑修改，只能绘制新的图形对象，这样可防止重要的图形对象被修改。

【命令选项】

（1）当图层对应"锁定"栏中的图标为"🔒"——关闭的锁时，表示图层处于锁定状态。

（2）当图层对应"锁定"栏中的图标为" "——打开的锁时，表示图层处于解锁状态。

【操作步骤】

（1）打开"图层特性管理器"面板。

（2）在"图层特性管理器"面板中，单击图层对应"锁定"栏中的图标，当图标从" "变成" "时，表示完成图层锁定操作；反之，表示完成图层解锁操作。对比图 4-20 和图 4-21 可以看出如图 4-21 所示的图形对象颜色比如图 4-20 所示的图形对象颜色浅，表示如图 4-21 所示的图形对象所在图层处于锁定状态。

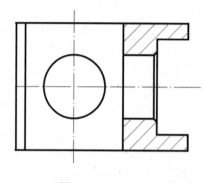

图 4-20　解锁图层

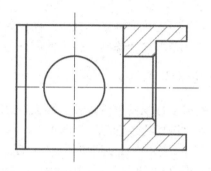

图 4-21　锁定图层

4. 打印与不打印图层

打印图层是指在打印图纸时会被打印机输出的图层；不打印图层是指在打印时不会被输出的图层。不打印图层的设置只有在图层处于打开且未被冻结的状态时才有效。

【命令选项】

（1）当图层对应"打印"栏中的图标为" "——打印机时，表示该图层处于打印状态。

（2）当图层对应"打印"栏中的图标为" "——禁用打印机时，表示该图层处于不打印状态。

【操作步骤】

（1）打开"图层特性管理器"面板。

（2）在"图层特性管理器"面板中，单击图层对应"打印"栏中的图标，当图标从" "变成" "时，表示该图层被设为不打印图层；反之，表示该图层被设为打印图层。

5. 新视口冻结与新视口解冻图层

新视口冻结是指仅在当前布局视口中冻结所选图层。如果图层在图形中已被冻结或关闭，那么无法在当前视口中冻结该图层。

【命令选项】

（1）当图层对应"新视口冻结"栏的图标为" "——窗口加太阳时，表示该图层处于新视口解冻状态。

（2）当图层对应"新视口冻结"栏的图标为"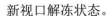"——窗口加雪花时，表示该图层处于新视口冻结状态。

【操作步骤】

（1）打开"图层特性管理器"面板。

（2）在"图层特性管理器"面板中，单击图层对应"新视口冻结"栏中的图标，当图标从"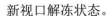"变成"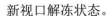"时，表示完成新视口冻结操作；反之，表示完成新视口解冻操作。

4.1.10　保存并输出图层状态

在绘制一些复杂通信工程图纸时，通常需要创建多个图层并设定图层属性。如果以前创建过这些图形的图层，但没有保存，就需要重新创建图层并设置图层属性，这样会使绘图效率大大降低。若使用图层保存并输出功能，在下次需要用到这些图层时，就可以直接导入，从而大大提高绘图效率。

1．保存图层并输出图层

【操作步骤】

（1）打开需操作的图形文件，在命令行中输入"LAYER"，按 Enter 键，打开"图层特性管理器"面板。

（2）在"图层特性管理器"面板中，单击"图层状态管理器"图标，如图 4-22 所示，打开"图层状态管理器"对话框。

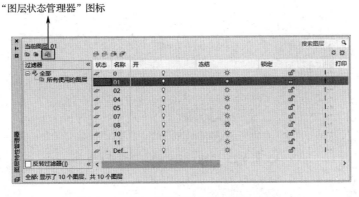

图 4-22　单击"图层状态管理器"图标

（3）在"图层状态管理器"对话框中单击"新建"按钮，在弹出的"要保存的新图层状态"对话框中的"新图层状态名"框中输入"保存并输出图层案例"，单击"确定"按钮，完成保存图层设置，如图 4-23 所示。

（4）在"图层状态管理器"对话框中，单击"输出"按钮，弹出"输出图层状态"对话框，选择保存路径后，单击"保存"按钮，如图 4-24 所示。到此就完成了图层保存并输出。

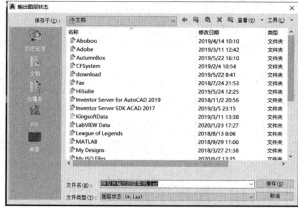

图 4-23　图层状态保存设置　　　　　图 4-24　"输出图层状态"对话框

2. 输入已保存图层

【操作步骤】

（1）打开需要操作的图形文件，在命令行中输入"LAYER"，按 Enter 键，打开"图层特性管理器"面板，单击"图层状态管理器"图标，打开"图层状态管理器"对话框。

（2）在"图层状态管理器"对话框中单击"输入"按钮，弹出"输入图层状态"对话框，如图 4-25 所示，选择保存的图形文件，单击"打开"按钮，即可输入保存的图层。

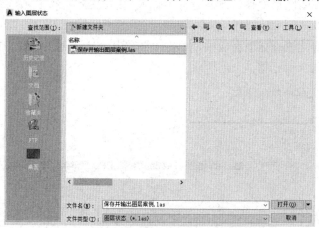

图 4-25　"输入图层状态"对话框

【绘图案例】

按照表 4-1 所示的图层名称、颜色、线型、线宽、说明，运用图层特性管理器完成"通信工程.dwt"模板文件的图层管理，检查并保存文件。

表 4-1　"通信工程.dwt"模板文件图层设置参数表

图层名称	颜色	线型	线宽	说明
原有建筑	白色	Continuous	0.25mm	原有建筑、墙

续表

图层名称	颜色	线型	线宽	说明
新建建筑	红色	Continuous	0.5mm	新建建筑、墙
原有设备或线路	蓝色	Continuous	0.25mm	原有设备
新建设备或线路	红色	Continuous	0.5mm	新建设备
预留设备	黄色	ACAD_ISO02W100	0.25mm	预留设备安装空间
尺寸标注	绿色	Continuous	0.25mm	尺寸标注、背景
图表说明	白色	Continuous	0.25mm	说明、图例、工程量表、材料表等

【操作步骤】

（1）在"图层特性管理器"面板中，单击"新建图层"图标，系统在图层 0 下方创建一个新图层，且该图层处于编辑状态。

（2）单击新建图层对应的"名称"栏，输入"原有建筑"，完成图层重命名。

（3）单击新建图层对应的"颜色"栏，在"选择颜色"对话框中选择 7 号色，即白色，单击"确定"按钮，完成图层颜色的设置。

（4）单击新建图层对应的"线型"栏，系统默认选择的线型是 Continuous。如果"选择线型"对话框中没有符合要求的线型，就单击"加载"按钮，在"加载或重载线型"对话框中，选择符合要求的线型，单击"确定"按钮加载该线型。再在"选择线型"对话框中选择已加载的线型，单击"确定"按钮，完成图层线型的设置。

（5）单击新建图层对应的"线宽"栏，在"线宽"对话框中选择"0.25mm"选项，单击"确定"按钮，完成图层线宽的设置。

（6）单击新建图层对应的"说明"栏，输入"原有建筑、墙"，按 Enter 键，完成图层说明相关设置。

上面 6 步已经完成了原有建筑图层属性的设置，如图 4-26 所示。依据这 6 步，完成"通信工程.dwt"模板文件的图层管理。

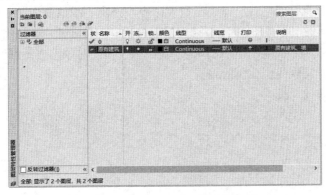

图 4-26　原有建筑图层属性的设置

4.2　线型管理

在绘制通信工程图时，如果所有图形对象都用系统默认的线型绘制，会降低图纸的清晰度和可读性，所以用户应该为图层设置合适的线型。

例如，在绘制图形时，细点画线可以充当对称中心线，在图形中可以凸显图层的位置，并且不会被误解为图形的一部分，提高工程图纸的可读性。

4.2.1 设置线型比例

对非连续性线型比例过大或过小的情况进行调整，以防用户在使用非连续线型描绘图形对象时，出现描绘对象线型是实线的情况。系统默认线型比例为1。

"全局比例因子"框：用于设置整个通信工程图纸的比例，会影响所有非连续性线型线段的长短和间隔。

"当前对象缩放比例"框：用于调整选择的非连续性线型线段比例，此项不会影响修改前已经存在的线段。

当前对象缩放比例越大，非连续性线型的每条线段越长，线段与线段间的间隔越大。反之，当前对象缩放比例越小，非连续性线型的每条线段越短，线段与线段间的间隔越小。

【操作方法】

（1）全局比例因子。

菜单栏：执行"格式"→"线型"→"显示详细"命令。

命令：LTSCALE 或快捷命令 LTS。

（2）当前对象缩放比例。

菜单栏：执行"格式"→"线型"→"显示详细"命令。

命令：CELTSCALE 或快捷命令 CELT。

【操作步骤】

（1）在菜单栏中执行"格式"→"线型"命令，弹出"线型管理器"对话框。

（2）单击"显示细节"按钮，"线型管理器"对话框中将展开"详细信息"栏，如图 4-27 所示。在"详细信息"栏中的"全局比例因子"框或"当前对象缩放比例"框中输入对应值，单击"确定"按钮，完成线型比例的设置。

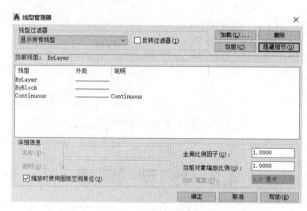

图 4-27 "详细信息"栏

4.2.2　显示线宽

在隐藏线宽状态下，无论是否为线段设置了线宽，系统都会显示默认线宽。只有在显示线宽状态下，才可以正常显示线宽。

【启动命令】

状态栏：执行"自定义"→"显示/隐藏线宽"命令。

命令：LWDISPLAY。

【操作步骤】

（1）单击状态栏中的"≡"图标，弹出如图 4-28 所示的快捷菜单，选择"线宽"选项。

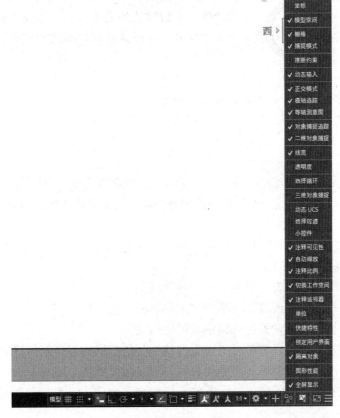

图 4-28　自定义状态栏

（2）单击状态栏中的"显示隐藏线宽"图标（≡），如图 4-29 所示，即可实现线宽的显示/隐藏。

"显示/隐藏线宽"图标

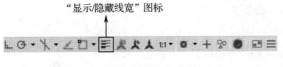

图 4-29　"显示/隐藏线宽"图标

4.3 表格的应用

表格是以二维矩阵形式包含数据的对象。用户可以根据工作任务制定不同表格，通过新建或修改表格样式，对表格的文字样式、边框属性进行设置，以满足用户要求。

在绘制通信工程图时，通常会用表格来表述工程材料、安装技术参数、工作量等，并将表格附在图纸下方或侧方。

4.3.1 设置表格样式

表格样式与图层特性管理器相似，是用于编辑和管理表格的工具。用户可以通过表格样式设定表格属性，如字体、字号和颜色等。系统默认的表格样式为 Standard，用户可以对该表格样式进行编辑；也可以新建一个表格样式，并设置该表格样式的相关属性。

【启动命令】

菜单栏：执行"格式"→"表格样式"命令。
命令：TABLESTYLE。

【命令选项】

（1）"单元样式"下拉列表：该下拉列表中有三个重要选项，分别为"数据"选项、"表头"选项和"标题"选项，这三个选项分别用来控制与表格中的数据、表格列标题和表格总标题相关的参数。

（2）"常规"选项卡：用户可以设置表格的背景颜色、对齐方式、数据格式、数据类型、页边距等属性，相关说明如下。

● "填充颜色"下拉列表：设置表格的背景颜色。
● "对齐"下拉列表：设置单元格中文字的对齐方式。
● "格式"下拉列表：设置单元格中数据的格式。
● "类型"下拉列表：设置单元格中数据的类型是数据类型还是标签类型。
● "页边距"选区：设置单元格中的内容与表格边线的水平距离和垂直距离。

（3）"文字"选项卡：用户可以设置单元格中文字的样式、高度、颜色、角度等属性，相关说明如下。

● "文字样式"下拉列表：设置单元格中文字的样式。
● "文字高度"下拉列表：设置单元格中文字的高度。
● "文字颜色"下拉列表：设置单元格中文字的颜色。
● "文字角度"框：设置单元格中文字的倾斜角度。

（4）"边框"选项卡：用户可以设置表格边框的属性，如线宽、线型、颜色、双线、间距、边框样式，相关说明如下所示。

● "线宽"下拉列表：设置表格边框的线宽。

- ●"线型"下拉列表：设置表格边框的线型。
- ●"颜色"下拉列表：设置表格边框的颜色。
- ●"双线"复选框：勾选该复选框，表格边框线型将被设置为双线。
- ●"间距"框：设置表格边框双线间的距离。
- ● 八种不同的边框样式按钮说明如下。

⊞：把设置的边框属性应用于所有边框。

▣：把设置的边框属性应用于外边框。

⊞：把设置的边框属性应用于内边框。

▤：把设置的边框属性应用于下边框。

▥：把设置的边框属性应用于左边框。

▦：把设置的边框属性应用于上边框。

▧：把设置的边框属性应用于右边框。

▨：把设置的边框属性应用于无边框，也就是隐藏表格边框。

【操作步骤】

（1）在菜单栏中执行"格式"→"表格样式"命令，弹出"表格样式"对话框，如图 4-30 所示。

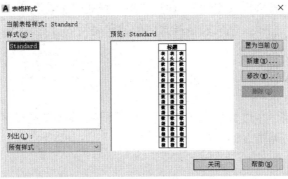

图 4-30 "表格样式"对话框

（2）单击"新建"按钮，弹出"创建新的表格样式"对话框，如图 4-31 所示，在"新样式名"框中输入"通信工程表格样式案例"。

图 4-31 "创建新的表格样式"对话框

（3）在"创建新的表格样式"对话框中单击"继续"按钮，弹出"新建表格样式：通信工程表格样式案例"对话框，如图 4-32 所示。

图 4-32 "新建表格样式：通信工程表格样式案例"对话框

（4）用户按自身需求在"新建表格样式：通信工程表格样式案例"对话框中设置相关属性。单击左上角"起始表格"右侧的""图标，在图形中指定一个表格，将该表格的结构和内容导入"通信工程表格样式案例"。通过"单元样式"下拉列表来修改该表格样式。

（5）单击"确定"按钮，完成表格样式的创建和属性的设置。

4.3.2 创建表格

新建一个表格，用户在设置表格样式后，执行"插入表格"命令在通信工程图纸的指定点或指定窗口中插入与编辑表格。

【启动命令】

菜单栏：执行"绘图"→"表格"命令。

工具栏：单击"注释"选项卡中的"表格"图标。

命令：TABLE 或快捷命令 TAB。

【选项说明】

（1）"表格样式"选区：单击"表格样式"下拉列表，可以选择指定表格样式。

（2）"插入选项"选区：包含如下三个选项。

● "从空表格开始"单选按钮：创建可以手动填充数据的表格，该表格会采取在"表格样式"下拉列表中选择的表格样式。

● "自数据链接"单选按钮：通过启动数据连接管理器来创建表格。

● "自图形中的对象数据"单选按钮：通过启动"数据提取"向导创建表格。

（3）"插入方式"选区：指定插入表格的坐标点拾取方式，共有两种方式。

● "指定插入点"单选按钮：指定表格左上角的位置。可以通过在绘图区单击来确定，也可以通过在命令行中输入坐标值来确定。如果表格样式将表格的方向设置为由下而上，则插入点位于表格的左下角。

● "指定窗口"单选按钮：指定表格的大小和位置。可以通过在绘图区单击来确定，也可以通过在命令行中输入坐标值来确定。选择该单选按钮后，将根据窗口大小和表格的列和行来设置表格的行数、列数、列宽、行高。

（4）"列和行设置"选区：指定列数、行数、列宽和行高。

（5）"表格选项"选区（此选区仅在使用基于现有表格的表格样式时显示）：设置插入表格时需要保留的表格属性，相关说明如下。

● 标签单元文字：保留新插入表格起始表格标签行中的文字。
● 数据单元文字：保留新插入表格起始表格数据行中的文字。
● 块：保留新插入表格起始表格中的块。
● 保留单元样式代替：保留新插入表格起始表格中的单元表格样式代替。
● 数据链接：保留新插入表格起始表格中的数据链接。
● 字段：保留新插入表格起始表格中的字段。
● 公式：保留新插入表格起始表格中的公式。

【操作步骤】

（1）在菜单栏中执行"绘图"→"表格"命令，弹出"插入表格"对话框，如图 4-33 所示。

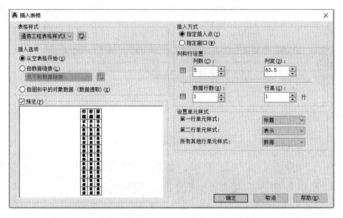

图 4-33 "插入表格"对话框

（2）在"表格样式"下拉列表中选择"通信工程表格样式案例"选项，也可以根据自身需求设置表格属性，单击"确定"按钮。

（3）输入插入点坐标或在图形上单击拾取指定点，创建表格。此时，该表格处于编辑状态，可以通过"文字编辑器"选项卡（见图 4-34）对文本样式进行设置。

（4）在表格某个单元格中单击，输入文本内容，如图 4-35 所示。

图 4-34 "文字编辑器"选项卡

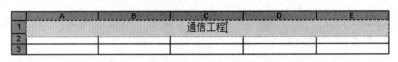

图 4-35　输入文本内容

4.3.3　修改表格

对于工程图中已经存在的表格，可以进行行高和列宽的修改操作，也可以进行添加、删除、合并行与列的操作。

1. 调整行高和列宽

调整表格的行高或列宽。

【操作方法】

（1）单击图形内已经存在的需要修改的表格，使表格处于被选中状态，如图 4-36 所示。

移动表格：单击表格左上角，拖动鼠标，移动表格，再次单击，完成表格的移动。

统一拉伸表格行高和列宽：单击表格右下角，拖动鼠标，拉伸表格，再次单击，完成表格行高与列宽的调整。同理，可以修改单列的宽度、统一拉伸表格的列宽，以及统一拉伸表格的行高。

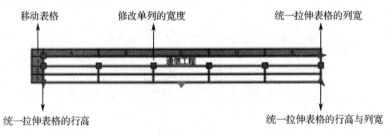

图 4-36　编辑表格说明

（2）在表格中右击，弹出右键快捷菜单，如图 4-37 所示，执行"均匀调整行大小"命令或执行"均匀调整列大小"命令，可均匀修改行高或列宽。

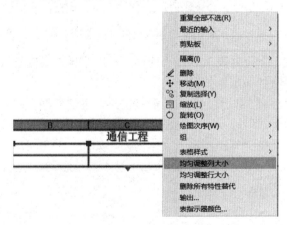

图 4-37　右键快捷菜单

（2）在表格中右击，弹出右键快捷菜单，执行"快捷特征"命令，弹出如图 4-38 所示的快捷特征窗格，通过该窗格可以调整表格的行高和列宽。

图 4-38 快捷特征窗格

2. 添加行与列

在表格中添加行或列。

【操作步骤】

（1）单击表格中的某个单元格，进入"表格单元"选项卡，如图 4-39 所示。

图 4-39 "表格单元"选项卡

（2）选中表格中某个单元格，单击"从上方插入"按钮或"从下方插入"按钮，可以在该单元格上方或下方插入一行。同理，单击"从左侧插入"按钮或"从右侧插入"按钮，可以在该单元格左侧或右侧插入一列。

3. 删除行与列

删除表格中的某行或某列。

【操作方法】

（1）单击表格中某个单元格，进入"表格单元"选项卡，如图 4-39 所示。

（2）选中表格中某个单元格，单击"删除行"按钮或"删除列"按钮，可以删除该单元表格所在行或列。

4. 合并行与列

在表格中合并多个单元格。

【操作方法】

（1）单击表格中某个单元格，进入"表格单元"选项卡，如图 4-39 所示。

（2）框选多个单元格，单击"表格单元"选项卡中的"合并单元"下拉按钮。

（3）在"合并单元"下拉列表［见图 4-40］中选择合适的选项，完成单元格合并。"合并单元"下拉列表中的选项说明如下所示。

"合并全部"选项：把所选单元格合并成一个单元格，效果如图 4-41 所示。

"按行合并"选项：把所选单元格按行合并，效果如图 4-42 所示。

"按列合并"选项：把所选单元格按列合并，效果如图 4-43 所示。

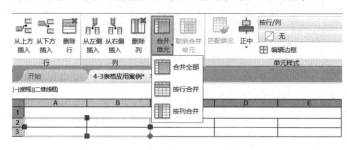

图 4-40　"合并单元"下拉列表

图 4-41　合并全部效果

图 4-42　按行合并效果

图 4-43　按列合并效果

【绘图案例】

按表 4-2 所示运用表格工具，创建某通信基站工程材料表，并保存文件。

表 4-2　某通信基站工程材料表

序号	名称	规格程式	单位	数量
1	手孔口圈及铁盖	600mm×800mm（球墨连体）	套	1
2	镀锌铁线	3.0mm	kg	1
3	C35 预拌混凝土		米^3	0.31
4	乙式电缆托架	600mm	条	2
5	乙式电缆托板	200mm	块	4
6	鱼尾穿钉	12mm×240mm	副	4
7	PVC 胶水		kg	1
8	水泥	#425	t[①]	0.28
9	中砂		米^3	0.686

序号	名称	规格程式	单位	数量
10	碎石	0.5~3.2cm	米³	0.367
11	红砖	机制	千块	0.987

① 1t=10³kg

操作步骤如下。

（1）在菜单栏中执行"格式"→"表格样式"命令，弹出"表格样式"对话框，单击"新建"按钮。在弹出的"创建新的表格样式"对话框中的"新样式名"框中输入"通信工程材料表"。单击"继续"按钮，弹出"新建表格样式：通信工程材料表"对话框。在"单元样式"下拉列表中选择"标题"选项；在"常规"选项卡中，取消勾选"创建行/列时合并单元"复选框，单击"确定"按钮，如图4-44所示。

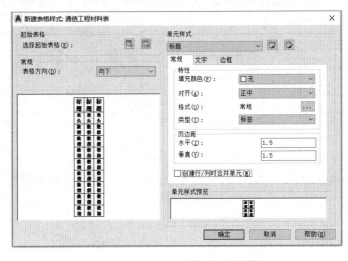

图4-44 "新建表格样式"对话框

（2）在菜单栏中执行"绘图"→"表格"命令，弹出"插入表格"对话框，根据图4-45所示设置表格属性。具体操作如下。

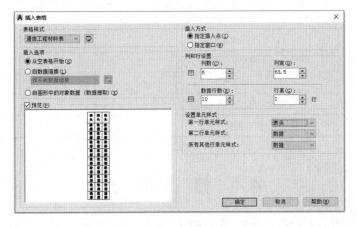

图4-45 "插入表格"对话框

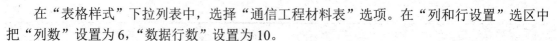

在"表格样式"下拉列表中，选择"通信工程材料表"选项。在"列和行设置"选区中把"列数"设置为 6，"数据行数"设置为 10。

在"设置单元样式"选区中，把"第一行单元样式"设置为表头；把"第二行单元样式"设置为数据。

设置完成后单击"确定"按钮，完成表格插入。

（3）按照表 4-2 所示设置表格的表头，效果如图 4-46 所示，具体操作如下。

在第一行、第一列的单元格中单击，输入文本内容"序号"，按 Enter 键完成输入。

在第一行、第二列的单元格中单击，输入文本内容"名称"，按 Enter 键完成输入。

在第一行、第三列的单元格中单击，输入文本内容"规格程式"，按 Enter 键完成输入。

在第一行、第四列的单元格中单击，输入文本内容"单位"，按 Enter 键完成输入。

在第一行、第五列的单元格中单击，输入文本内容"数量"，按 Enter 键完成输入。

在第一行、第六列的单元格中单击，输入文本内容"备注"，按 Enter 键完成输入。

序号	名称	规格程式	单位	数量	备注

图 4-46　表头设置效果

（4）表格数据内容的设置与表头的设置方法一样，按照表 4-2 所示设置表格的数据内容。

【绘图练习】

按表 4-3 所示运用表格工具，创建通信工程量表，并保存文件。

表 4-3　通信工程量表

序号	工作内容	单位	数量
1	敷设硬质 PVC 管 $\phi25$ 以下	百米	0.04
2	管、暗槽内穿放光缆	百米	0.04
3	光缆成端接头	芯	48
4	竖井引上光缆	百米	0.70
5	槽道光缆	百米	1.02
6	用户光缆测试 24 芯以下	段	1
7	安装光缆终端盒	个	2

4.4　修改图形

图形修改是指对已存在图形进行修改操作，如修剪、延伸、合并、分解等。

4.4.1   修剪图形

修剪图形是对超出边界的线段进行修剪。图形对象可以是直线、圆、多段线、射线、填充图案等。

【启动命令】

菜单栏：执行"修改"→"修剪"命令。

工具栏：在"默认"选项卡中单击"修改"面板中的"修剪"图标。

命令：TRIM 或快捷命令 TR。

【命令选项】

- 通过 Shift 键：在选择对象时，按住 Shift 键，系统就会自动将修剪指令切换为延伸指令。
- 栏选（F）：以栏选方式修剪对象。
- 窗交（C）：利用交叉窗口修剪对象。
- 删除（R）：无须退出命令，删除选中对象。
- 放弃（U）：放弃最近执行的修剪操作。
- 边（E）：执行该命令选项，可以选择对象修剪方式。共有两种修剪方式，相关说明如下。
  - ➢ 延伸（E）：当修剪边太短，没有与被修剪对象相交时，系统会先将修剪边延长，然后执行修剪操作。
  - ➢ 不延伸（N）：只有修剪边与被修剪对象实际相交时，才执行修剪操作。

【操作步骤】

（1）用直线绘图命令与矩形绘图命令绘制如图 4-47 所示的图形，矩形高度为 30mm，宽度为 50mm；直线长度为 90mm。

（2）在命令行过程中输入快捷命令"TR"，并按 Enter 键，单击矩形，按 Enter 键，这时系统会把矩形选为修剪边界。

（3）将十字光标移至矩形中间的线段上，十字光标右上角会出现×，单击该线段，完成图形修剪操作，效果如图 4-48 所示。

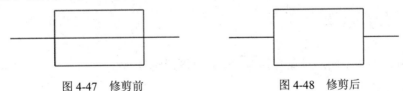

图 4-47   修剪前   图 4-48   修剪后

4.4.2   延伸图形

延伸命令是将所选图形对象延伸到指定边界。被延伸的图形对象可以是直线、圆弧、多段线等。

【启动命令】

菜单栏：执行"修改"→"延伸"命令。

工具栏：在"默认"选项卡中单击"修改"面板中的"延伸"图标。

命令：EXTEND 或快捷命令 EX。

【命令选项】

- 选择边界对象：选择图形对象来定义指定对象延伸的边界。
- 选择要延伸的对象：指定被延伸的对象。
- 栏选（F）：以栏选方式延伸对象。
- 窗交（C）：利用交叉窗口延伸对象。
- 删除（R）：无须退出命令，删除选中对象。
- 放弃（U）：放弃最近执行的延伸操作。
- 投影（P）：使用投影方法延伸对象。
- 边（E）：延伸对象到另一个对象隐含边。

【操作步骤】

（1）用直线绘图命令与矩形绘图命令绘制如图 4-49 所示的图形，矩形高度为 30mm，宽度为 50mm；直线在矩形内的长度为 25mm，在矩形外的长度为 20mm。

（2）在"修改"面板中，单击"修剪"下拉按钮，在下拉列表中选择"延伸"选项。

（3）单击"修改"面板中的"延伸"图标，单击矩形，按 Enter 键，指定对象延伸边界。

（4）将十字光标移动到需要延伸的对象上，即矩形中间的线段，此时系统会提示即将延伸的线段长度，单击，完成对象延伸操作，如图 4-50 所示。

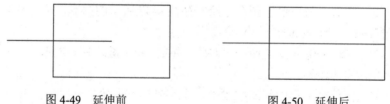

图 4-49　延伸前　　　　　　　　　图 4-50　延伸后

4.4.3　合并对象

合并对象是将多个图形对象合并为一个复合图形对象。

【启动命令】

菜单栏：执行"修改"→"合并"命令。

工具栏：在"默认"选项卡中单击"修改"面板中的"合并"图标。

命令：JOIN 或快捷命令 J。

【操作步骤】

（1）执行直线绘图命令绘制任意边长的三角形，单击三角形任意两条线段，可以看出每条线段是独立的，如图 4-51 所示。

（2）在命令行中输入"JOIN"，按 Enter 键。

（3）选择需要合并且处于相连状态的对象，即三角形的三条边，按 Enter 键。

完成合并操作后，单击三角形任意一条线段，可以看到图形已经合并成一个整体，如图 4-52 所示。

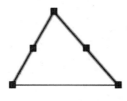

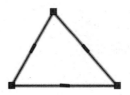

图 4-51 合并前　　　　　　　　　　　　　图 4-52 合并后

4.4.4 分解对象

分解对象是将一个复合图形对象分解成多个图形对象。

【启动命令】

菜单栏：执行"修改"→"分解"命令。

工具栏：在"默认"选项卡中单击"修改"面板中的"分解"图标。

命令：EXPLODE 或快捷命令 X。

【操作步骤】

（1）执行矩形绘图命令绘制任意边长的矩形，单击矩形的任意一条线段，可以看出矩形是一个整体，如图 4-53 所示。

（2）在命令行中输入"EXPLODE"，按 Enter 键。

（3）单击矩形，按 Enter 键。

完成分解操作后，单击矩形的任意一条线段，可以看出每条线段都是独立的，如图 4-54 所示。

图 4-53 分解前　　　　　　　　　　　　　图 4-54 分解后

4.5 训练任务：绘制基站设备平面图

【任务背景】

基站设备平面图设计包含机房平面图、设备位置信息、空间布局信息、预设走线信息等，结合通信工程设计要求，基站设备平面图应合理编排设备位置和空间布局，同时使用工程材料表、主要工程量表、技术参数表等信息表进行表述。

【任务目标】

绘制基站设备平面图。

【任务要求】

某工业机房需要新增 4G BBU 设备，根据现场勘察测量得到的数据绘制基站设备平面图，如图 4-55 所示。要求，图层设置如下。

- 01 图层，细实线，黑色，绘制原有设备。
- 02 图层，粗实线，黑色，绘制新建设设备和线路。
- 03 图层，虚线，黄色，绘制预留设备。
- 04 图层，细实线，绿色，尺寸标注。

【任务分析】

（1）绘制基站设备平面图。基站设备平面图是根据勘察数据展开细化设计的，先到现场进行实地勘察测量，做好草图记录和尺寸标注。为了指导施工，确保施工顺利进行，勘察测量的数据要精确到厘米。

（2）基站设备平面图应按照建筑物、设备、走线架、标注文字、表格说明的次序绘制，并把图元绘制在相应的图层上。绘图过程中要求连贯思路，遵循现实可行的设计方案。

（3）在绘图时，在不改变机房布局的情况下应考虑通道空间，扩容预留位置。在设计路由走线时应避免电源线和信号交叉干扰。

【任务实施】

（1）打开"通信工程.dwt"模板文件，把文件另存为"绘制基站设备平面图.dwg"文件。
（2）对图层进行设置。
（3）先绘制基站设备平面图，再绘制设备。
（4）标注尺寸，注释文字。
（5）制作主要设备表和图例。

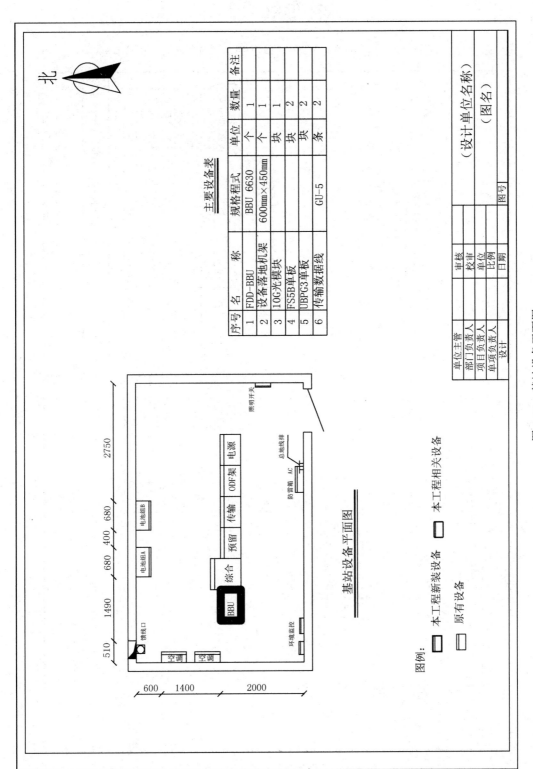

主要设备表

序号	名　称	规格程式	单位	数量	备注
1	FDD-BBU	BBU 6630	个	1	
2	设备落地机架	600mm×450mm	个	1	
3	10G光模块		块	2	
4	FS5B单板		块	2	
5	UBPG3单板		块	2	
6	传输数据线	GU-5	条	2	

单位主管		审核		（设计单位名称）
部门负责人		校审		
项目负责人		单位		（图名）
单项负责人		比例		
设计		日期		图号

基站设备平面图

北

基站设备平面图

图例：

☐ 本工程新装设备　☐ 本工程相关设备

☐ 原有设备

图 4-55　基站设备平面图

【拓展练习】

使用以上学习内容，练习绘制坪山鼎合家具机房走线平面图，如图 4-56 所示。

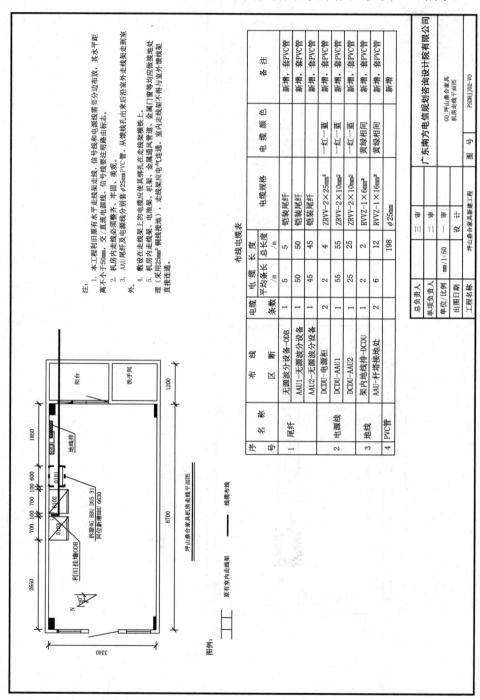

图 4-56 坪山鼎合家具机房走线平面图

【拓展阅读】

加快建设卓越工程师队伍 实现高水平科技自立自强

科技自立自强是国家强盛之基、安全之要。实现高水平科技自立自强，归根结底要靠高水平创新人才。

重视科技的历史作用，是马克思主义的一个基本观点。自古以来，科学技术就以一种不可逆转、不可抗拒的力量推动着人类社会向前发展。当今世界，科技创新更加广泛地影响着经济社会发展和人民生活，科技发展水平更加深刻地反映出一个国家的综合国力和核心竞争力。中国要强，中国人民生活要好，必须有强大科技。

科技事业在党和人民事业中始终具有十分重要的战略地位、发挥了十分重要的战略作用。党的十八大以来，习近平总书记把科技创新摆在国家发展全局的核心位置，突出强调科技的极端重要性，多次指出中国式现代化关键在科技现代化，实现高水平科技自立自强是中国式现代化建设的关键。这是立足党和国家战略全局的重大部署，为我们在中国式现代化道路上加强科技创新、建设科技强国指明了方向，对全面建成社会主义现代化强国具有重要意义。

工程师是推动工程科技造福人类、创造未来的重要力量，是国家战略人才力量的重要组成部分。习近平总书记高度重视培养卓越工程师，在中央人才工作会议上就强调，要培养大批卓越工程师，努力建设一支爱党报国、敬业奉献、具有突出技术创新能力、善于解决复杂工程问题的工程师队伍。

党的十八大以来，以习近平同志为核心的党中央高度重视国家战略人才力量建设，我国形成了世界级规模的科研人员和工程师队伍，为推进新型工业化、推进中国式现代化提供了基础性、战略性人才支撑。广大工程师深入学习贯彻习近平新时代中国特色社会主义思想，坚持"四个面向"，以与时俱进的精神、革故鼎新的勇气、坚韧不拔的定力，不断突破关键核心技术，铸造精品工程、"大国重器"，为加快实现高水平科技自立自强、建设世界科技强国做出了突出贡献。

从世界工程教育第一大国到世界工程教育强国，高质量培养卓越工程师队伍是关键。习近平总书记强调："面向未来，要进一步加大工程技术人才自主培养力度，不断提高工程师的社会地位，为他们成才建功创造条件，营造见贤思齐、埋头苦干、攻坚克难、创新争先的浓厚氛围，加快建设规模宏大的卓越工程师队伍。"

国家科技创新力的根本源泉在于人。加快建设规模宏大的卓越工程师队伍，要围绕区域特色和优势产业，积极探索"政府+高校+企业"的卓越工程师培养模式，打造卓越工程师人才培养平台。要以改革创新精神做好新时代工程技术人才工作，着力完善自主培养体系，着力深化体制机制改革，努力健全卓越工程师队伍培养保障机制。要加强对卓越工程师队伍建设重要性的宣传，着力营造良好创新环境，充分调动工程技术人员积极性、主动性、创造性，为以中国式现代化全面推进强国建设、民族复兴伟业贡献智慧和力量！

资料来源：求是网

绘制天馈线系统安装图

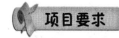
项目要求

【知识目标】
◆ 掌握管理尺寸标注样式的方法。
◆ 掌握创建线性标注、对齐标注、半径标注、直径标注等标注的方法。
◆ 掌握多重引线标注方法。
◆ 掌握天馈线系统设计要求。

【能力目标】
◆ 熟练建立尺寸标注样式。
◆ 熟练使用基线标注，能对工程图进行连续标注。
◆ 会绘制天馈线系统俯视图。
◆ 会绘制抱杆、铁塔的主视图。

5.1 尺寸标注的要素

尺寸是通信工程图的重要组成部分，尺寸标注是指在图形对象上添加尺寸注释，可以直观、真实、准确地反映图形对象的大小及各图形对象间的位置关系。

5.1.1 尺寸标注的组成

尺寸标注由尺寸界线、尺寸线、尺寸文本、箭头、中心标记等部分组成，如图 5-1 所示。

（1）尺寸界线：标注尺寸的界线，一般从图形对象的轮廓线、轴线引出。

（2）尺寸线：指定标注的方向和范围。在标注长度时，尺寸线是一段直线。在标注角度时，尺寸线是一段圆弧。

（3）尺寸文本：显示图形对象长度、角度等测量值的字符串，可以包含公差、前缀、后缀等。尺寸文本一般放在尺寸线上。

（4）箭头：用来指示尺寸线的端点，位于尺寸线两端。

（5）中心标记：标记圆或圆弧中心点所处位置。

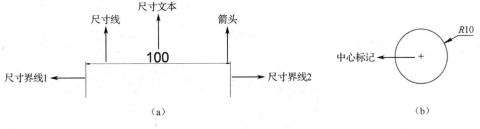

图 5-1　尺寸标注的组成

5.1.2　尺寸标注的规则

一个完整、准确、清晰的尺寸标注能让图形对象的信息一目了然，有助于全方位表达图形对象的实际情况。每个行业的标注标准有所不同，在绘制通信工程图时，尺寸标注的基本标准要求如下。

（1）零件的真实大小是由图形标注决定的，所以要确保图形标注测量值与真实零件测量值一致。

（2）图形对象的尺寸标注应该放在最能清晰反映该零件结构的地方。

（3）尺寸标注要完整，应该包含尺寸界线、尺寸线、箭头、尺寸文本等。

5.2　标注样式的管理

在 AutoCAD 中，用户可以利用"标注样式管理器"对话框来创建需要的标注尺寸样式。

5.2.1　标注样式管理器

标注样式管理器是管理标注样式的工具，可以对标注样式进行置为当前、新建、修改、替代、比较等操作。系统默认的两种标注样式为 ISO-25 和 Standard。

【启动命令】

菜单栏：执行"格式"→"标注样式"命令。
工具栏：在"默认"选项卡中单击"注释"面板中的"标注样式"图标。
命令：DIMSTYLE 或快捷命令 D。

【操作步骤】

在命令行中输入"DIMSTYLE"，按 Enter 键，弹出"标注样式管理器"对话框，如图 5-2 所示。

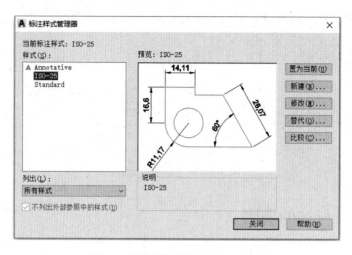

图 5-2 "标注样式管理器"对话框

5.2.2 新建标注样式

创建一个标注样式，用户可根据自身需求设置标注样式属性。如果用户没有创建新的标注样式，而是直接对图形对象进行标注，系统就会默认使用名称为 Standard 的标注样式。

【操作步骤】

（1）在"标注样式管理器"对话框中，单击"新建"按钮，弹出"创建新标注样式"对话框，如图 5-3 所示。在"新样式名"框中输入"通信工程标注样式"，也可以根据自身需求设置相关属性。

图 5-3 "创建新标注样式"对话框

（2）单击"继续"按钮，弹出"新建标注样式：通信工程标注样式"对话框，如图 5-4 所示，可以在"线"选项卡、"符号和箭头"选项卡、"文字"选项卡、"调整"选项卡、"主单位"选项卡、"换算单位"选项卡、"公差"选项卡中，设置标注样式的属性。设置完成后单击"确定"按钮，即可完成标注样式属性的设置。

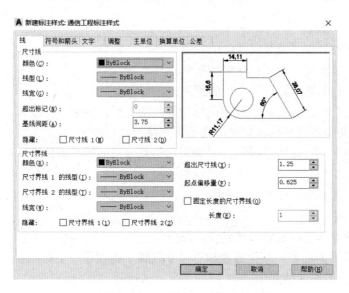

图 5-4 "新建标注样式：通信工程标注样式"对话框

5.2.3 设置标注样式

"新建标注样式：通信工程标注样式"对话框中"线"选项卡、"符号和箭头"选项卡、"文字"选项卡、"调整"选项卡、"主单位"选项卡、"换算单位"选项卡、"公差"选项卡的相关说明如下。

1. "线"选项卡

在需要设置标注线的颜色、线型、线宽等属性时，切换到"线"选项卡，如图 5-5 所示，相关说明如下。

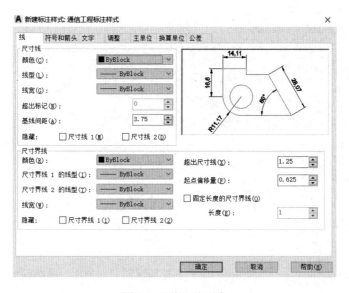

图 5-5 "线"选项卡

（1）"尺寸线"选区。

● "颜色"下拉列表：设置尺寸线的颜色。

● "线型"下拉列表：设置尺寸线的线型。

● "线宽"下拉列表：设置尺寸线的宽度。

● "超出标记"框：设置尺寸线超出标注界线的长度，用于尺寸线末端超过标注文本的位置，如在使用短斜线、短波浪线等特殊符号时。

● "基线间距"框：设置基线标注模式下相邻尺寸线间的垂直距离，确保标注清晰且不会重叠。

● "隐藏"复选框组：设置是否隐藏尺寸线。

（2）"尺寸界线"选区。

● "颜色"下拉列表：设置尺寸界线的颜色。

● "尺寸界线1的线型"下拉列表和"尺寸界线2的线型"下拉列表：分别设置尺寸界线1和尺寸界线2的线型。

● "线宽"下拉列表：设置尺寸界线的宽度。

● "隐藏"复选框组：设置是否隐藏尺寸界线。

● "超出尺寸线"框：设置尺寸界线超出尺寸线的长度，用于调整尺寸界线在尺寸线的超出位置，特别是在使用特殊符号或格式时。

● "起点偏移量"框：设置基线标注模式下尺寸界线起点相对于基线的垂直偏移量，用于确保标注不会重叠，并与其他标注保持一致的间距。

● "固定长度的尺寸界线"复选框：勾选此复选框，可以在"长度"框中输入尺寸界线的总长度。

2．"符号和箭头"选项卡

在需要设置箭头样式、圆心标记、弧长符号等属性时，切换到"符号和箭头"选项卡，如图 5-6 所示，相关说明如下。

图 5-6 "符号和箭头"选项卡

（1）"箭头"选区。

● "第一个"下拉列表和"第二个"下拉列表：分别设置尺寸标注中第一个箭头和第二个箭头的外观样式。

● "引线"下拉列表：设置标注的箭头类型。

● "箭头大小"框：设置标注中箭头的大小。

（2）"圆心标记"选区。

● "无"单选按钮：若选择此单选按钮，则不显示圆心标记和中心线。

● "标记"单选按钮：若选择此单选按钮，则显示圆心标记，圆心标记为点记号。

● "直线"单选按钮：若选择此单选按钮，则显示圆心标记，圆心标记为中心线。

● 数值框：设置圆心标记和中心线的大小。

（3）"折断标注"选区。

● "折断大小"框：用于控制折断标注的间距。

（4）"弧长符号"选区。

● "标注文字的前缀"单选按钮：若选择此单选按钮，则弧长符号将放在标注文字左侧，如图5-7所示。

● "标注文字的上方"单选按钮：若选择此单选按钮，则弧长符号将放在标注文字上方，如图5-8所示。

● "无"单选按钮：若选择此单选按钮，则不显示弧长符号，如图5-9所示。

图5-7　弧长符号在标注文字左侧　　　图5-8　弧长符号在标注文字上方　　图5-9　不显示弧长符号

（5）"半径折弯标注"选区。

该选区用于设置和控制半径折弯标注的显示和样式。这种标注通常用于在图纸上清晰地表示弯曲部分的半径尺寸，尤其是当中心点不在页面可视范围内时。

● "折弯角度"框：确定折弯半径中尺寸线横向线段的角度。

（6）"线性折弯标注"选区。

● "折弯高度因子"框：设置折弯高度因子的值。

3．"文字"选项卡

在需要设置文字外观、文字位置、文字对齐方式等属性时，切换到"文字"选项卡，如图5-10所示，相关说明如下。

（1）"文字外观"选区。

● "文字样式"下拉列表：设置尺寸文本的样式。

● "文字颜色"下拉列表：设置尺寸文本的颜色。

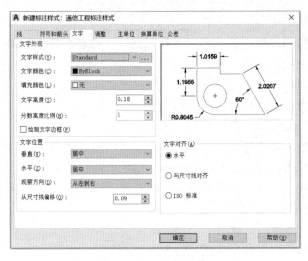

图 5-10 "文字"选项卡

● "填充颜色"下拉列表：设置尺寸文本的背景颜色。

● "文字高度"框：设置尺寸文本的高度。只有选用的文本样式的字高为 0，此项才生效。

● "分数高度比例"框：确定标注分数相对于尺寸文本的高度。

● "绘制文字边框"复选框：勾选此复选框，尺寸文本周围将加上边框。

（2）"文字位置"选区。

● "垂直"下拉列表：确定尺寸文本相对于尺寸线在垂直方向的位置。

● "水平"下拉列表：确定尺寸文本相对于尺寸线和尺寸界线在水平方向的位置。

● "观察方向"下拉列表：设置尺寸文本的观察方向。

● "从尺寸线偏移"框：设置尺寸文本和尺寸线间的距离。

（3）"文字对齐"选区。

● "水平"单选按钮：设置尺寸文本方向为水平方向。

● "与尺寸线对齐"单选按钮：设置尺寸文本方向和尺寸线方向一致。

● "ISO 标准"单选按钮：设置尺寸文本按 ISO 标准放置。当尺寸文本在尺寸界线内时，尺寸文本方向与尺寸线方向一致；当尺寸文本在尺寸界线外时，尺寸文本方向为水平方向。

4. "调整"选项卡

在需要设置尺寸文本、箭头、引线和尺寸线等属性时，切换到"调整"选项卡，如图 5-11 所示，相关说明如下。

（1）"调整选项"选区。

● "文字或箭头（最佳效果）"单选按钮：选择此单选按钮，将根据尺寸界线间的空间自动调整尺寸文本和箭头的位置，具体逻辑如下。

　➢ 如果尺寸界线间的空间足够容纳箭头和尺寸文本，系统就将它们放在尺寸界线内。

　➢ 如果尺寸界线间的空间仅够容纳箭头，系统就将箭头放在尺寸界线内，将尺寸文本放在尺寸界线外。

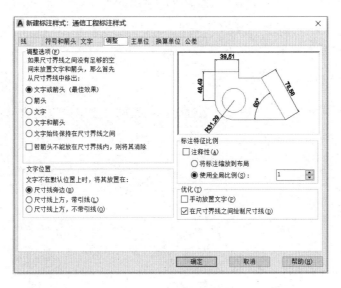

图 5-11 "调整"选项卡

> 如果尺寸界线间的空间仅够容纳尺寸文本，系统就将尺寸文本放在尺寸界线内，将箭头放在尺寸界线外。

> 如果尺寸界线间的空间既不能够容纳箭头又不能够容纳尺寸文本，系统就将它们放在尺寸界线外。

● "箭头"单选按钮：选择此单选按钮后，用户可以指定箭头的显示方式，具体选项需要在实际软件中确认。

● "文字"单选按钮：选择此单选按钮后，用户可以指定尺寸文本的显示方式，具体设置需要参照软件中的选项。

● "文字和箭头"单选按钮：选择此单选按钮后，系统将尝试将箭头和尺寸文本都放在尺寸界线内，如果空间不足，系统就将它们放在尺寸界线外。

● "文字始终保持在尺寸界线之间"单选按钮：选择此单选按钮后，系统会强制确保尺寸文本始终位于尺寸界线内，即使这可能导致箭头被移出尺寸界线。

● "若箭头不能放在尺寸界线内，则将其消除"复选框：勾选此复选框后，如果箭头无法放置在尺寸界线内，系统就会自动删除箭头。

（2）"文字位置"选区。

● "尺寸线旁边"单选按钮：将尺寸文本放在尺寸线旁边。

● "尺寸线上方，带引线"单选按钮：将尺寸文本放在尺寸线上方，带引线。

● "尺寸线上方，不带引线"单选按钮：将尺寸文本放在尺寸线上方，不带引线。

（3）"标注特征比例"选区。

● "注释性"复选框：设置标注为注释性。

● "将标注缩放到布局"单选按钮：设置当前模型空间视口和图纸空间之间的缩放比例。

● "使用全局比例"单选按钮：设置所有标注样式为固定比例，指定大小、距离或间距等，但不改变测量值。

（4）"优化"选区。

● "手动放置文字"复选框：若勾选此复选框，尺寸文本位置将由用户决定。

● "在尺寸界线之间绘制尺寸线"复选框：若勾选此复选框，将始终在测量点间绘制尺寸线，同时系统将把箭头放在测量点处。

5. "主单位"选项卡

在需要设置主单位的格式与精度等属性时，切换到"主单位"选项卡，如图 5-12 所示，相关说明如下。

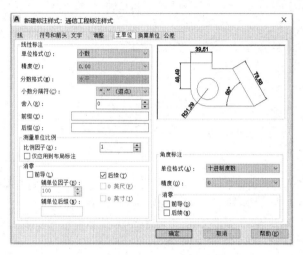

图 5-12 "主单位"选项卡

（1）"线性标注"选区。

● "单位格式"下拉列表：设置除角度标注外所有标注类型的单位格式，包括"科学"选项、"小数"选项、"工程"选项、"建筑"选项、"分数"选项及"Windows 桌面"选项。

● "精度"下拉列表：设置尺寸文本的小数位数。

● "分数格式"下拉列表：设置尺寸文本的分数形式，包括"水平"选项、"对象"选项和"非堆叠"选项。

● "小数分隔符"下拉列表：设置小数的分隔符，包括逗点、句点、空格三种方式。

● "舍入"框：为除角度标注以外的所有标注类型设置标注测量的舍入值，类似于数学中的四舍五入。

● "前缀"框、"后缀"框：分别设置尺寸文本的前缀、后缀，可以是文本，也可以是特殊符号。

（2）"测量单位比例"选区。

● "比例因子"框：设置线性标注测量值的比例因子，实际标注值是测量值与该比例因子的乘积。

● "仅应用到布局标注"复选框：勾选此复选框，设置的比例因子将仅应用于布局视口中创建的标注。

（3）"角度标注"选区。

该选区用于设置当前角度标注的格式。

（4）"消零"选区。

- "前导"复选框：勾选此复选框，将忽略测量值高位的 0，如 0.1000 将标注为.1000。
- "后续"复选框：勾选此复选框，将忽略测量值低位的 0，如 10.0000 将标注为 10。
- "0 英尺"复选框或"0 英寸"复选框：勾选此复选框，在使用"工程"和"建筑"单位制时，将省略小于 1 英尺或 1 英寸的测量值。
- "辅单位因子"框：设置辅单位比例因子，以调整辅单位显示比例。
- "辅单位后缀"框：设置辅单位后缀，可以是文本或符号，显示在辅单位数值后。

6."换算单位"选项卡

在需要设置换算单位格式时，切换到"换算单位"选项卡，如图 5-13 所示，相关说明如下。

图 5-13　"换算单位"选项卡

（1）"显示换算单位"复选框：勾选此复选框，将为标注文本添加换算测量单位。

（2）"换算单位"选区。

- "单位格式"下拉列表：设置换算单位的格式。
- "精度"下拉列表：设置换算单位的精度。
- "换算单位倍数"框：设置主单位和换算单位的换算倍数。
- "舍入精度"框：设置换算单位的圆整规则。
- "前缀"框、"后缀"框：设置换算单位的前缀、后缀。

（3）"消零"选区。

- "辅单位因子"框：设置主单位与辅单位之间的换算关系，用于在测量值小于一个单位时，计算标注距离。例如，如果主单位后缀为 m，辅单位后缀为 cm，则输入"100"。
- "辅单位后缀"框：设置测量值辅单位后缀，可以是特殊符号。例如，输入"cm"可将 0.01m 转换为 1cm。

（4）"位置"选区。

- "主值后"单选按钮：设置换算单位显示在主值右侧。该位置决定了主单位值和换算单位值在标注中的相对位置。例如，选择"主值后"单选按钮后，换算单位将显示在主值右侧。

● "主值下"单选按钮：设置换算单位显示在主值下方。选择"主值下"单选按钮后，将允许在标注中将主单位和换算单位分别显示在上下两行，以便清晰区分。

7．"公差"选项卡

在需要设置尺寸文本中的公差显示格式时，切换到"公差"选项卡，如图 5-14 所示，相关说明如下。

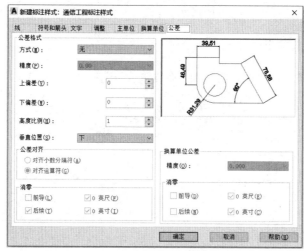

图 5-14　"公差"选项卡

（1）"公差格式"选区。

● "方式"下拉列表：设置公差标注方式，包括"无"选项、"对称"选项、"极限偏差"选项和"基本尺寸"选项。

● "精度"下拉列表：设置公差标注精度。设置此选项时要准确，否则容易出错。

● "上偏差"框、"下偏差"框：设置公差标注的上偏差、下偏差。

● "高度比例"框：设置公差文本的高度比例，即公差文本高度和一般尺寸文本高度之比。国家标准规定，公差文本高度应是一般尺寸文本高度的一半。

● "垂直位置"下拉列表：设置公差文本相对于尺寸文本的位置，包括"上"选项、"中"选项、"下"选项。

（2）"公差对齐"选区。

● "对齐小数分隔符"单选按钮：通过小数分隔符堆叠值。

● "对齐运算符"单选按钮：通过运算符堆叠值。

（3）"消零"选区。

● "前导"复选框：勾选此复选框，公差标注前将显示零，如"0.050"会显示为".050"。

● "后续"复选框：勾选此复选框，公差标注后将显示零，如"0.500"会显示为"0.5"。

● "0 英尺"复选框：勾选此复选框，公差标注中的零将显示为"0 英尺"。

● "0 英寸"复选框：勾选此复选框，公差标注中的零将显示为"0 英寸"。

（4）"换算单位公差"选区。

● "精度"下拉列表：设置换算单位的公差上偏差和下偏差。该设置应该与主单位公差设置得一致。

●"消零"选区：与（3）中描述的"消零"选区的设置一致。

【绘图技巧】

水平方向的文字用于标注圆的直径、圆弧的度数、两条直线的角度及两个端点与顶点形成夹角的度数。把标注文字水平放置有以下两种方式。

（1）通过新建标注样式：在"标注样式管理器"对话框中单击"新建"按钮，在弹出的"创建新标注样式"对话框的"新样式名"框中输入标注样式名称"通信工程水平"，单击"继续"按钮，打开"修改标注样式：通信工程水平"对话框。在"文字"选项卡的"文字对齐"选区中，选择"水平"单选按钮；在"文字位置"选区中，将"垂直"设置为外部，如图5-15所示。在"调整"选项卡的"优化"选区中，勾选"手动放置文字"复选框，如图5-16所示。

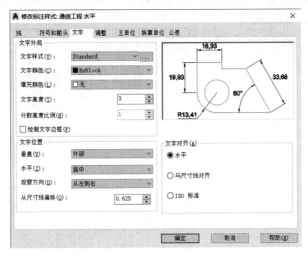

图5-15　"文字"选项卡设置

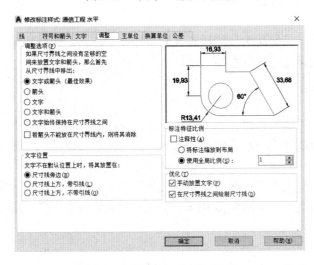

图5-16　"调整"选项卡设置

（2）通过替换标注样式：在"标注样式管理器"对话框中单击"替换"按钮，修改步骤与通过新建标注样式类似，这里不再赘述。

5.2.4　修改标注样式

在对标注样式不满意时，可以对相应标注样式进行修改。

【操作方法】

（1）通过新建标注样式：在"标注样式管理器"对话框中单击"新建"按钮，新建标注样式，继而对标注样式的属性进行设置。

（2）通过修改标注样式：在"标注样式管理器"对话框中，先在"样式"列表中选择需要修改的标注样式，如图 5-17 所示，再单击"修改"按钮，继而对标注样式的属性进行修改。

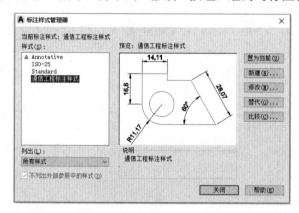

图 5-17　选择需要修改的标注样式

5.2.5　置为当前标注样式

置为当前标注样式是把所选标注样式置为当前标注样式。在添加标注时，默认采用的是当前标注样式。当前标注样式具有唯一性。

【操作方法】

（1）通过"置为当前"按钮：在"标注样式管理器"对话框中，先在"样式"列表中选择需要置为当前的标注样式，然后单击"置为当前"按钮，即可把所选标注样式置为当前标注样式。

（2）通过右键快捷菜单栏：在"标注样式管理器"中，选择需要置为当前的标注样式，右击，弹出右键快捷菜单，如图 5-18 所示，执行"置为当前"命令，即可把所选标注样式置为当前标注样式。

5.2.6　删除当前标注样式

删除多余且不再使用的标注样式，标注样式一旦被删除，就无法再恢复。

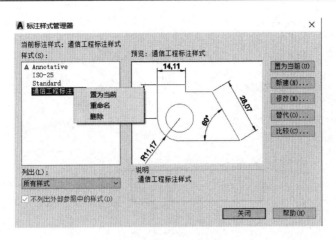

图 5-18　右键快捷菜单

【操作步骤】

（1）在"标注样式管理器"对话框中，在"样式"列表中选择需要删除的标注样式。

（2）右击，弹出右键快捷菜单，如图 5-18 所示，执行"删除"命令，即可删除所选标注样式。

【要点提示】

（1）确认标注样式是否处于使用状态且为当前标注样式。当标注处于使用状态时，该标注样式是无法被删除的；当标注样式未使用且为当前标注样式时，应该取消其当前标注样式状态。

（2）当标注样式无法删除时，可以按照系统提示内容进行问题排查。

5.2.7　重命名当前标注样式

在"标注样式管理器"对话框中，选择已有标注样式，并对该标注样式进行重命名。

在绘制通信工程图时，对标注样式进行重命名，可以更加清晰地表达标注样式的作用。

【操作方法】

（1）通过右键快捷菜单：在"标注样式管理器"对话框中，在"样式"列表中选择需要重命名的标注样式，右击，弹出右键快捷菜单，如图 5-18 所示，执行"重命名"命令，输入名称字符串后，按 Enter 键，即可完成标注样式重命名。

（2）通过两次单击：在"标注样式管理器"对话框中，先在"样式"列表中选择需要重命名的标注样式，然后单击该标注样式。注意不能双击，两次单击操作间要有间隔。此时，该标注样式的名称就会进入编辑状态，如图 5-19 所示。在输入名称字符串后，按 Enter 键，即可完成标注样式重命名。

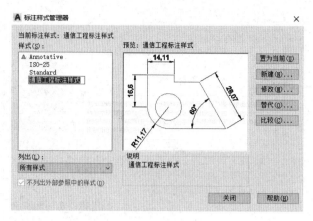

图 5-19　重命名标注样式

5.3　基本尺寸标注

AutoCAD 提供了多种尺寸标注类型，包括线性标注、对齐标注、半径标注、直径标注、角度标注、弧长标注、基线标注、连续标注等。

在绘制通信工程图时，正确地进行尺寸标注是设计绘图工作中很重要的环节。本节将介绍如何对各种类型的尺寸进行标注。

5.3.1　线性标注

线性标注用来标注图形对象中两个点在垂直方向或水平方向上的直线距离，无法用来标注斜线的长度。

【启动命令】

菜单栏：执行"标注"→"线性"命令。
工具栏：在"默认"选项卡中，单击"注释"面板中的"标注"图标。
命令：DIMLINEAR 或快捷命令 DLI。

【命令选项】

● 多行文字（M）：弹出多行文本框，用户可在此文本框中编辑多行文字。
● 文字（T）：输入单行文字。
● 角度（A）：设置尺寸文本的旋转角度。
● 水平（H）：强制在水平方向上进行尺寸标注。
● 垂直（V）：强制在垂直方向上进行尺寸标注。
● 旋转（R）：设置尺寸线的旋转角度。

【操作步骤】

（1）在图纸上绘制如图 5-20 所示的通信工程样图（不含尺寸标注）。

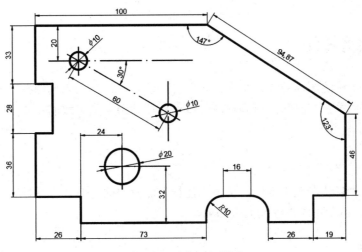

图 5-20　通信工程样图

（2）将"标注"图层置为当前图层。

（3）将"通信工程标注样式"置为当前标注样式。

（4）在菜单栏中执行"标注"→"线性"命令。

（5）标注直径为 20mm 位于左下侧大圆的圆心到大圆下方直线的距离尺寸的过程：先单击拾取左下侧大圆的圆心，然后单击拾取下方直线，再往右拖动鼠标，此时，出现一条测量值为 32 的线性标注，最后单击，即可完成圆心到线段距离的线性标注。

（6）标注图 5-20 最上方水平方向的直线长度尺寸的过程：先单击拾取直线左端点，然后单击拾取直线右端点，再往上拖动鼠标，此时，出现一条测量值为 100 的线性标注，最后单击，即可完成线段长度的线性标注。

（7）标注图 5-20 最右侧垂直方向的直线长度尺寸的过程：先单击拾取直线上端点，然后单击拾取直线下端点，再往右拖动鼠标，此时，出现一条测量值为 46 的线性标注，最后单击，即可完成线段长度的线性标注。

（8）按照步骤（5）、步骤（6）、步骤（7）分别对圆心到直线距离、水平方向线段、垂直方向线段进行线性标注，最终效果如图 5-21 所示。

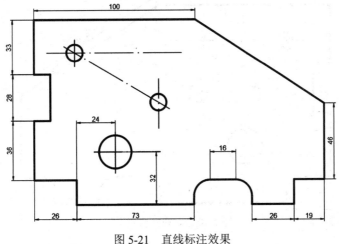

图 5-21　直线标注效果

5.3.2　对齐标注

对齐标注用于标注图形对象两个端点之间的线性距离，常用来标注斜线的长度。当两个点处于水平方向或垂直方向时，对齐标注与线性标注的结果是一致的。

【启动命令】

菜单栏：执行"标注"→"对齐"命令。
工具栏：在"默认"选项卡中，单击"注释"面板中的"对齐"图标。
命令：DIMALIGNED 或快捷命令 DAL。

【命令选项】

● 多行文字（M）：弹出多行文本框，用户在此文本框中可编辑多行文字。
● 文字（T）：输入单行文字。
● 角度（A）：设置尺寸文本的旋转角度。

【操作步骤】

在图纸上根据如图 5-20 所示的通信工程样图绘制图形（不含尺寸标注），将"标注"图层置为当前图层，将"通信工程标注样式"置为当前标注样式。

（1）在菜单栏中执行"标注"→"对齐"命令。

（2）标注两个直径为 10mm 的小圆之间距离的过程：先单击拾取左侧小圆的圆心，然后单击拾取右侧小圆的圆心，再往下拖动鼠标，此时，出现一条测量值为 60 的对齐标注，最后单击，即可完成两个圆之间距离的对齐标注。

（3）标注图 5-20 右上方斜线长度尺寸的过程：先单击拾取直线左上方端点，然后单击拾取直线右下方端点，再往上拖动鼠标，此时，出现一条测量值为 94,87 的对齐标注，最后单击，即可完成线段长度的对齐标注，最终效果如图 5-22 所示。

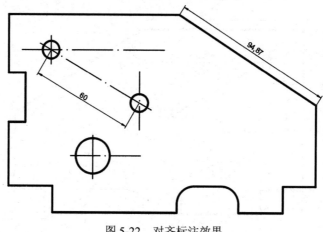

图 5-22　对齐标注效果

5.3.3　半径标注

半径标注用于标注小于 180°的圆弧尺寸，如圆角、过渡圆弧等。

【启动命令】

菜单栏：执行"标注"→"半径"命令。

工具栏：在"默认"选项卡中，单击"注释"面板中的"半径"图标。

命令：DIMRADIUS 或快捷命令 DRA。

【命令选项】

● 多行文字（M）：弹出多行文本框，用户在此文本框中可编辑多行文字。

● 文字（T）：输入单行文字。

● 角度（A）：设置尺寸文本的旋转角度。

【操作步骤】

在图纸上根据如图 5-20 所示的通信工程样图绘制图形（不含尺寸标注），将"标注"图层置为当前图层，将"通信工程标注样式"置为当前标注样式。

（1）在菜单栏中执行"标注"→"半径"命令。

（2）标注最下方拱桥两端圆弧半径的过程：先单击左侧圆弧，然后往下拖动鼠标，此时出现一条测量值为 R10 的半径标注，最后单击，即可完成左侧圆弧的半径标注。

（3）右侧圆弧半径标注的步骤与左侧圆弧半径标注的步骤一样，最终效果如图 5-23 所示。

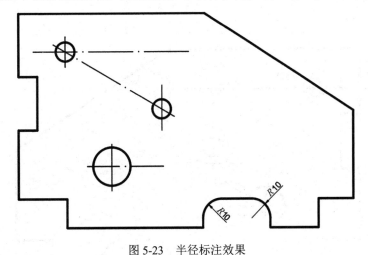

图 5-23　半径标注效果

5.3.4　直径标注

直径标注用于标注大于 180°的圆弧尺寸，一般用来标注圆的直径。

在通信工程制图时，直径标注的尺寸文本需要水平放置。如果有多个相同且对称的圆，则使用"数量×尺寸"方式进行标注。例如，3 个直径都为 10mm 且对称的圆，可以标注为"3×ϕ10"。

【启动命令】

菜单栏：执行"标注"→"直径"命令。
工具栏：在"默认"选项卡中，单击"注释"面板中的"直径"图标。
命令：DIMDIAMETER 或快捷命令 DDI。

【命令选项】

● 多行文字（M）：弹出多行文本框，用户在此文本框中可编辑多行文字。
● 文字（T）：输入单行文字。
● 角度（A）：设置尺寸文本的旋转角度。

【操作步骤】

在图纸上根据如图 5-20 所示的通信工程样图绘制图形（不含尺寸标注），将"标注"图层置为当前图层，将"通信工程标注样式"置为当前标注样式。

（1）在菜单栏中执行"标注"→"直径"命令。

（2）标注左上侧小圆直径的过程：先单击左上侧小圆的弧线，然后往右拖动鼠标，此时出现一条测量值为 ϕ10 的直径标注，最后单击，即可完成左上侧小圆的直径标注。

（3）图中有另外一个直径为 10mm 且与左上侧小圆对称的圆，只需要设置一个备注即可。双击标注的尺寸文本 ϕ10，此时文本框进入编辑状态，输入文本"2×ϕ10"，按 Enter 键，完成单独标注重命名。

（4）大圆的直径标注步骤与左上侧小圆的直径标注步骤一样，最终效果如图 5-24 所示。

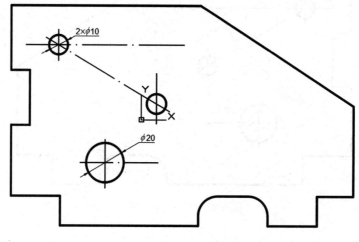

图 5-24　直径标注效果

5.3.5 角度标注

角度标注用于标注圆弧度数、两条相交直线的角度及两个端点与顶点形成的夹角度数。在通信工程制图时，角度标注的尺寸文本需要水平放置。

【启动命令】

菜单栏：执行"标注"→"角度"命令。

工具栏：在"默认"选项卡中，单击"注释"面板中的"角度"图标。

命令：DIMANGULAR 或快捷命令 DAN。

【命令选项】

● 多行文字（M）：弹出多行文本框，用户在此文本框中可编辑多行文字。
● 文字（T）：输入单行文字。
● 角度（A）：设置尺寸文本的旋转角度。
● 象限点（Q）：设置象限点。

【操作步骤】

在图纸上根据如图 5-20 所示的通信工程样图绘制图形（不含尺寸标注），将"标注"图层置为当前图层，将"通信工程标注样式"置为当前标注样式。

（1）在菜单栏中执行"标注"→"角度"命令。

（2）标注圆弧度数的过程：先单击最下方拱桥左侧的弧线，然后往左拖动鼠标，此时，出现一条测量值为 90°的角度标注，最后单击，完成圆弧的角度标注。右侧圆弧的角度标注步骤与此相同。

（3）标注两条相交直线角度的过程：先单击最上方的直线，然后单击与之相交的斜线，再往下拖动鼠标，此时，出现一条测量值为 147°的角度标注，最后单击，即可完成两条相交直线的角度标注。

（4）按照步骤（2）和步骤（3），完成图中其他角度标注，最终效果如图 5-25 所示。

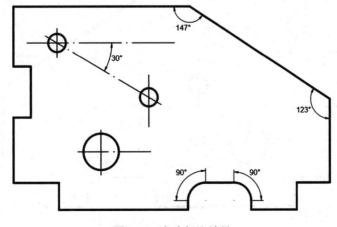

图 5-25 角度标注效果

5.3.6 弧长标注

弧长标注用于测量并标注圆或圆弧的长度。这种标注在通信工程制图中尤为重要，因为它可以精确地显示电缆、管道或其他弯曲组件的实际长度。弧长标注通常包括一个沿着弧线放置的线性尺寸，以及一个指示弧长的具体数值。

【启动命令】

菜单栏：执行"标注"→"弧长"命令。
工具栏：在"默认"选项卡中，单击"注释"面板中的"弧长"图标。
命令：DIMARC 或快捷命令 DAR。

【命令选项】

● 多行文字（M）：弹出多行文本框，用户在此文本框中可编辑多行文字。
● 文字（T）：输入单行文字。
● 角度（A）：设置尺寸文本的旋转角度。
● 部分（P）：测量该圆弧部分弧长。

【操作步骤】

在图纸上根据如图 5-20 所示的通信工程样图绘制图形（不含尺寸标注），将"标注"图层置为当前图层，将"通信工程标注样式"置为当前标注样式。

（1）在菜单栏中执行"标注"→"弧长"命令。

（2）单击最下方拱桥左侧圆弧的弧线，然后往左拖动鼠标，此时出现一条测量值为⌒15,71 的弧长标注。

（3）单击，即可完成左侧的弧长标注，右侧圆弧的弧长标注方式与此相同，最终效果如图 5-26 所示。

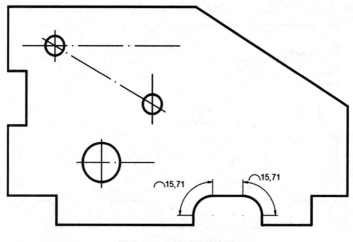

图 5-26　弧长标注效果

5.3.7　基线标注

基线标注又称平行尺寸标注，可以快速创建一组标注，这组标注中每个标注的起点相同，是第一个选择的点。

【启动命令】

菜单栏：执行"标注"→"基线"命令。
工具栏：在"注释"选项卡上，单击"标注"面板中的"基线"图标。
命令：DIMBASELINE 或快捷命令 DBA。

【命令选项】

● 放弃（U）：取消本次操作。
● 选择（S）：设置基线标注。

【绘图技巧】

1. 线性基线标注操作步骤

（1）在图纸上绘制高度任意，宽度分别为 10mm、30mm、40mm 的连续矩形，如图 5-27 所示。

（2）在如图 5-27 所示样图的第一点和第二点处，创建一个线性标注。

（3）在菜单栏中执行"标注"→"基线"命令。

（4）移动光标依次单击第三点和第四点，完成标注，最终效果如图 5-28 所示。

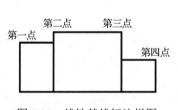

图 5-27　线性基线标注样图

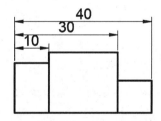

图 5-28　线性基线标注效果

2. 角度基线标注操作步骤

（1）在图纸上绘制起点相同，角度分别为 30°、57°、80° 的射线，如图 5-29 所示。

（2）在如图 5-29 所示样图的第一点和第二点处，创建一个角度标注。

（3）在菜单栏中执行"标注"→"基线"命令。

（4）依次单击第三点和第四点，完成标注，最终效果如图 5-30 所示。

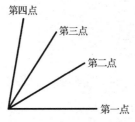

图 5-29　角度基线标注样图

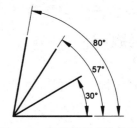

图 5-30　角度基线标注效果

5.3.8　连续标注

连续标注用于绘制一组尺寸标注，每个尺寸标注的第二个尺寸界线是下一个尺寸标注的第一个尺寸界线。在使用连续标注时，要先有一个尺寸标注。

【启动命令】

菜单栏：执行"标注"→"连续"命令。

工具栏：在"注释"选项卡上，单击"标注"面板中的"连续"图标。

命令：DIMCONTINUE 或快捷命令 DCO。

【命令选项】

● 放弃（U）：取消本次操作。

● 选择（S）：设置连续标注。

【绘图技巧】

1.　线性连续标注操作步骤

（1）在如图 5-27 所示线性基线标注样图的第一点和第二点处，创建一个线性标注。

（2）在菜单栏中执行"标注"→"连续"命令。

（3）依次单击第三点和第四点，完成标注，最终效果如图 5-31 所示。

2.　角度基线连续标注操作步骤

（1）在图纸上绘制起点相同，角度分别为 30°、57°、80° 的射线，如图 5-29 所示。

（2）在如图 5-29 所示角度基线标注样图的第一点和第二点处，创建一个角度标注。

（3）在菜单栏中执行"标注"→"连续"命令。

（4）依次单击第三点和第四点，完成标注，最终效果如图 5-32 所示。

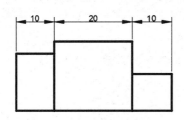

图 5-31　线性连续标注效果

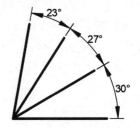

图 5-32　角度连续标注效果

5.4　引 线 标 注

引线标注一般由箭头、指引线、基线、注释文本组成，箭头样式可以为无、圆点、箭头等，如图 5-33 所示。引线标注不仅可以标注特定尺寸，如圆角、倒角等，而且还可以在图纸上实现多行标注。

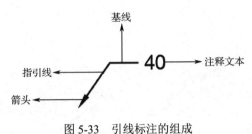

图 5-33　引线标注的组成

在制作通信工程图时，添加说明和注释，有利于明确表达图形对象的特性，提高图纸可读性。

5.4.1　多重引线样式管理器

多重引线样式管理器是编辑与管理引线样式的工具。用户利用多重引线样式管理器，既可以对引线样式进行置为当前、新建、修改、代替、比较等操作，也可以根据自身要求创建灵活多样的引线样式。系统默认的引线样式为 Standard。

【启动命令】

菜单栏：执行"格式"→"多重引线样式"命令。
命令：MLEADERSTYLE。

【命令选项】

● 放弃（U）：取消本次操作。
● 选择（S）：设置多重引线样式。

【操作步骤】

在命令行中输入"MLEADERSTYLE"，按 Enter 键，弹出"多重引线样式管理器"对话框，如图 5-34 所示。

【绘图技巧】

"多重引线样式管理器"对话框与"标注样式管理器"对话框中的置为当前、新建、修改操作，以及对样式进行重命名操作基本一致，不同的是"多重引线样式管理器"对话框中设置的是多重引线样式。在"多重引线样式管理器"对话框中单击"修改"按钮，打开的对话框包含"引线格式"选项卡、"引线结构"选项卡、"内容"选项卡，相关说明如下。

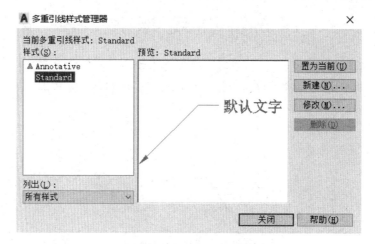

图 5-34 "多重引线样式管理器"对话框

1. "引线格式"选项卡（见图 5-35）

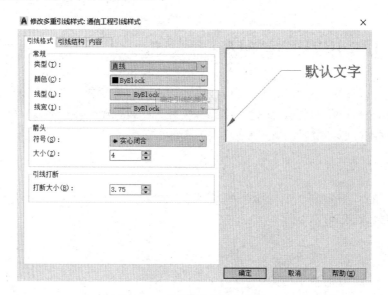

图 5-35 "引线格式"选项卡

（1）"常规"选区。

"类型"下拉列表：设置多重引线的类型。

"颜色"下拉列表：设置多重引线的颜色。

"线型"下拉列表：设置多重引线的线型。

"线宽"下拉列表：设置多重引线的宽度。

（2）"箭头"选区。

"符号"下拉列表：设置多重引线箭头的类型。

"大小"框：设置多重引线箭头的大小。

（3）"引线打断"选区。

"打断大小"框：设置多重引线打断的大小。

2. "引线结构"选项卡（见图 5-36）

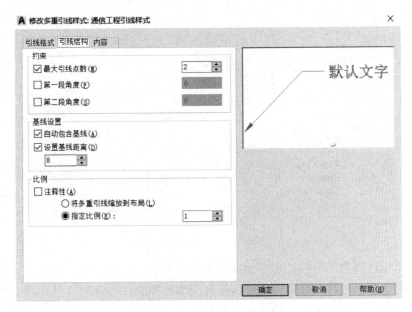

图 5-36　"引线结构"选项卡

（1）"约束"选区。

"最大引线点数"复选框：勾选此复选框后，可在后面的数值框中输入多重引线最多能拥有的点数。

"第一段角度"复选框：勾选此复选框后，可在后面的数值框中输入多重引线第一段的角度。

"第二段角度"复选框：勾选此复选框后，可在后面的数值框中输入多重引线第二段的角度。

（2）"基线设置"选区。

"自动包含基线"复选框：勾选此复选框，将自动包含基线。

"设置基线距离"复选框：勾选此复选框后，可在下面的数值框中输入基线到文字的距离。

（3）"比例"选区。

"注释性"复选框：勾选此复选框，将设置多重引线为注释性。

"将多重引线缩放到布局"单选按钮：选择此单选按钮，将自动缩放多重引线到布局。

"指定比例"单选按钮：选择此单选按钮后，可以在后面的数值框中输入多重引线比例。

3. "内容"选项卡（见图5-37）

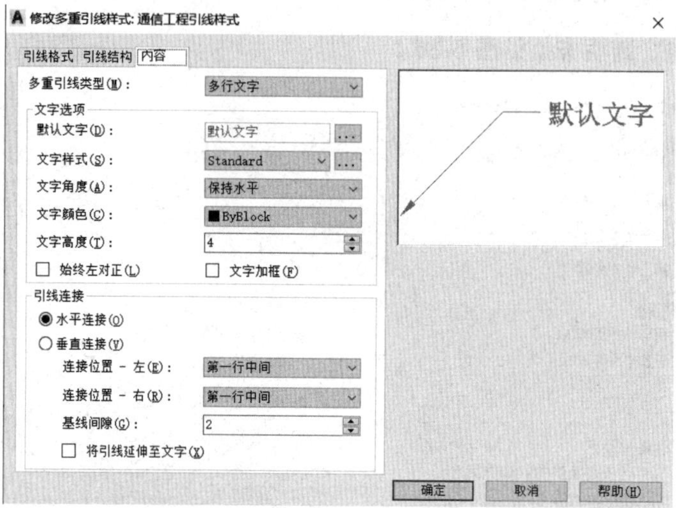

图5-37 "内容"选项卡

（1）"多重引线类型"下拉列表：确定多重引线是包含文字还是包含块。

（2）"文字选项"选区：设置多重引线注释文本的类型。

"默认文字"框：设置多重引线注释文本的默认文字。

"文字样式"下拉列表：设置多重引线注释文本的样式。

"文字角度"下拉列表：设置多重引线注释文本的旋转角度。

"文字颜色"下拉列表：设置多重引线注释文本的颜色。

"文字高度"框：设置多重引线注释文本的高度。

"始终左对正"复选框：勾选此复选框，多重引线注释文本将始终向左对齐。

"文字加框"复选框：勾选此复选框，将为多重引线注释文本添加矩形框。通过控制"基线间隙"框的值，可以调整注释文本与矩形框间的距离。

（3）"引线连接"选区。

"水平连接"单选按钮：选择此单选按钮，将设置多重引线从注释文本左、右侧引出。

"垂直连接"单选按钮：选择此单选按钮，将设置多重引线从注释文本上、下侧引出。

"连接位置-左"下拉列表：设置引线位于注释文本左侧时，基线连接到多重引线注释文本的方式。

"连接位置-右"下拉列表：设置引线位于注释文本右侧时，基线连接到多重引线注释文本的方式。

"基线间隙"框：设置基线到多重引线注释文本的距离。

"将引线延伸至文字"复选框：勾选此复选框，将设置引线延伸至注释文本。

5.4.2 多重引线标注

多重引线一般用来标注序号、说明等。

【启动命令】

菜单栏：执行"标注"→"多重样式"命令。

工具栏：在"默认"选项卡中的"注释"面板中，单击"标注样式"图标。

命令：MLEADER。

【命令选项】

● 引线基线优先（L）：设置多重引线标注中的优先基线。

● 内容优先（C）：设置多重引线标注中的优先内容。

● 选项（O）：按命令行提示输入相应字母进行属性设置。

【操作步骤】

（1）在命令行中输入"MLEADERSTYLE"，按 Enter 键，弹出"多重引线样式管理器"对话框。

（2）单击"新建"按钮，打开"创建新多重引线样式"对话框，在"名称"框中输入"通信工程"。

（3）单击"继续"按钮，在"引线格式"选项卡中，设置"箭头"选区中的"符号"为小点；在"引线结构"选项卡中，设置"设置基线距离"为 4；在"内容"选项卡中，设置"文字高度"为 2，"基线间隙"为 1，其他选项保持默认。

（4）单击"确定"按钮，完成多重引线样式的创建。

（5）将"通信工程"引线样式置为当前。

（6）在图纸上绘制如图 5-38 所示的多重引线标注样图（不包含标注）。

（7）执行 MLEADER 命令。

（8）单击绘制的如图 5-38 所示的样图的左上角点，往左拖动鼠标，在合适位置单击，此时，多重引线文本框处于编辑状态。

（9）在文本框中输入"顶点 1"，在文本框外部单击，完成多重引线注释文本的标注。

（10）重复步骤（7）～步骤（9），按顺时针方向依次将其他三个顶点标注为"顶点 2"、"顶点 3"及"顶点 4"，最终效果如图 5-39 所示。

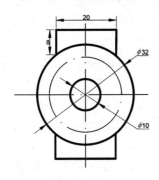

图 5-38　多重引线标注样图

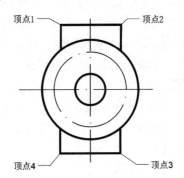

图 5-39　多重引线标注效果

5.4.3 快速引线标注

使用快速引线标注可以快速生成指引线和注释，灵活地在通信工程图中定义符合用户要求的引线样式，提高工作效率。在绘制通信工程图时，利用快速引线标注单独对某个图形对象进行引线标注，可以省去创建多重引线样式的麻烦。

【启动命令】

命令：QLEADER 或快捷命令 LE。

【命令选项】

1. "注释"选项卡（见图 5-40）

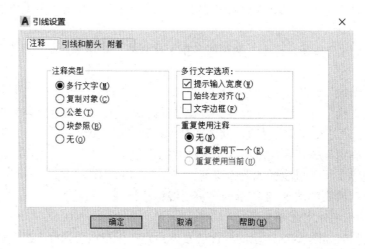

图 5-40 "注释"选项卡

（1）"注释类型"选区。

"多行文字"单选按钮：选择此单选按钮，将提示创建多行注释文本。

"复制对象"单选按钮：选择此单选按钮，将提示复制多行文字、单行文字、公差或块参照对象，并将副本连接到引线末端。副本与引线是相关联的，这就意味着引线末端将随着复制对象的移动而移动。基线的显示取决于被复制的对象。

"公差"单选按钮：选择此单选按钮，将弹出"公差"对话框，该对话框用于创建并附加公差标注到引线上。

"块参照"单选按钮：选择此单选按钮，将提示插入一个块参照。块参照将插入自引线末端起的某一偏移位置，并与该引线相关联，这就意味着引线末端也将随着块移动而移动。

"无"单选按钮：选择此单选按钮，将创建无注释的引线。

（2）"多行文字选项"选区。只有将"注释类型"设置为多行文字，该选区才有效。

"提示输入宽度"复选框：勾选此复选框，将提示指定多行注释文本的宽度。

"始终左对齐"复选框：勾选此复选框，每行文字都将左对齐。

"文字边框"复选框：勾选此复选框，将在多行注释文本周围放置边框。

（3）"重复使用注释"选区。

"无"单选按钮：选择此单选按钮，将不重复使用引线注释。

"重复使用下一个"单选按钮：选择此单选按钮，将允许用户在创建后续引线时重复使用为当前引线创建的注释。

"重复使用当前"单选按钮：选择此单选按钮，将重复使用当前注释。

2. "引线和箭头"选项卡（见图 5-41）

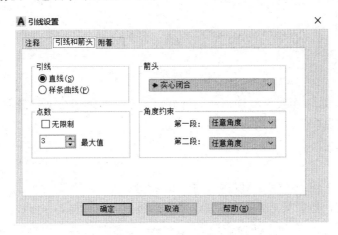

图 5-41　"引线和箭头"选项卡

（1）"引线"选区。

"直线"单选按钮：选择此单选按钮，将在指定点间创建直线段。

"样条曲线"单选按钮：选择此单选按钮，将在指定点间创建样条曲线。

（2）"点数"选区。

"无限制"复选框：勾选此复选框，QLEADER 命令将一直提示指定引线点，直到用户按 Enter 键。

"最大值"框：用于设置引线最大点数。

（3）"箭头"下拉列表：定义引线箭头。箭头还可用于 DIMSTYLE 命令。如果选择"用户箭头"选项，将显示图形中的块列表。

（4）"角度约束"选区。

"第一段"下拉列表：指定第一段的角度。

"第二段"下拉列表：指定第二段的角度。

3. "附着"选项卡

只有将"注释"选项卡的"注释类型"设置为多行文字，"附着"选项卡才生效，如图 5-42 所示。

（1）"多行文字附着"选区。

"文字在左边"单选按钮组：设置注释文本在引线左边时的位置。

"文字在右边"单选按钮组：设置注释文本在引线右边时的位置。

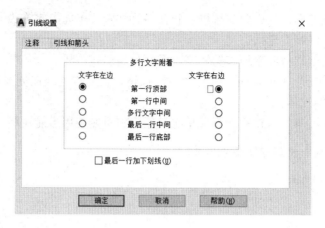

图 5-42　"附着"选项卡①

（2）"最后一行加下画线"复选框：勾选此复选框，将为多行文字最后一行添加下画线，并且"多行文字附着"选区失效。

【操作步骤】

（1）在命令行中输入"QLEADER"，按 Enter 键。

（2）先按 S 键，然后按 Enter 键，弹出"引线设置"对话框。

（3）在"注释"选项卡"注释类型"选区中，选择"公差"单选按钮，单击"确定"按钮。

（4）单击图形对象中需要引线标注的轮廓线上的一点，该点为引线点。

（5）移动光标到合适位置，拉出一条斜线，单击。

（6）按 F8 键，开启正交模式，沿水平方向拖动鼠标，拉出一条水平线，单击。

（7）在弹出的"公差"对话框中，选择圆柱度公差符号，输入公差值"0.05"。

（8）单击"确定"按钮，完成快速引线标注，效果如图 5-43 所示。

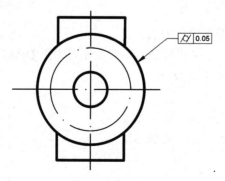

图 5-43　快速引线标注效果

---

① 界面中"下划线"的正确写法应为"下画线"。

5.5 训练任务：绘制天馈线系统安装图

【任务背景】

天馈线系统安装图包括机房天线俯视图、抱杆或铁塔的主视图、天馈线系统技术参数表，它用于描述馈线的路由及天线的安装位置和方向，在绘制时主要突出馈线和新增天线部分。

【任务目标】

熟练绘制天馈线系统安装图。

【任务要求】

某开发区需要新建 5G 基站、安装 5G 天线，为此绘制"天馈线系统安装图"，如图 5-44 所示。

【任务分析】

（1）天馈线系统安装图采用的是 A3 图纸，由于机房、抱杆、铁塔的高度过高，因此采用示意方式绘制，中间非关键施工部位可以略画，图中一定要标明高度和方向，其他图元采用合适比例绘制。

（2）在绘制抱杆或铁塔的正视图时，原有天线和新增天线都需要绘出，新增天线、抱杆和馈线加粗突出表示。

（3）将标高图标制作成块，以便调用，在关键施工环节标高要与图纸水平。

（4）方向标注 N30° 为相对于指北针的角度。

（5）天馈线安装属于高空作业，应该在相应位置标注存在的风险类型。

【任务实施】

（1）打开"通信工程.dwt"模板文件，把文件另存为"天馈线系统安装图.dwg"文件。

（2）设置图层管理。

（3）先绘制建筑平面图，再绘制设备。

（4）标注尺寸，添加文字说明。

（5）制作天馈线系统技术参数表。

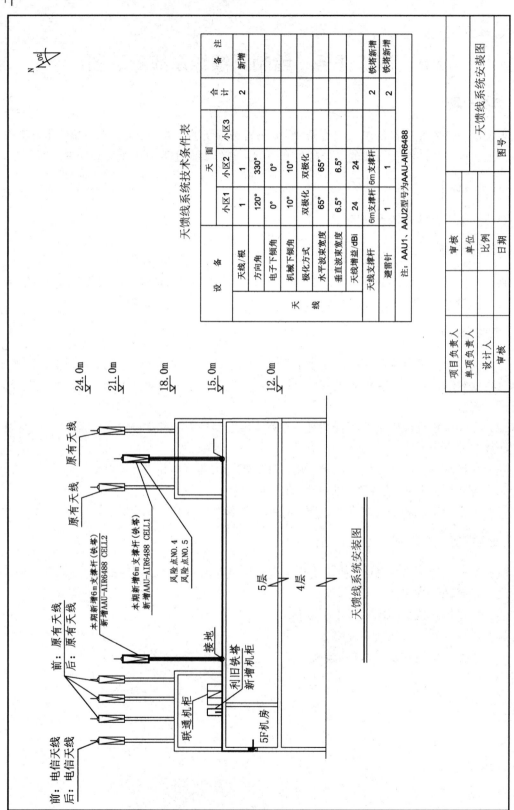

图5-44 天馈线系统安装图

【拓展练习】

绘制坪山沙新路四巷基站天馈线安装位置示意图，如图 5-45 所示。

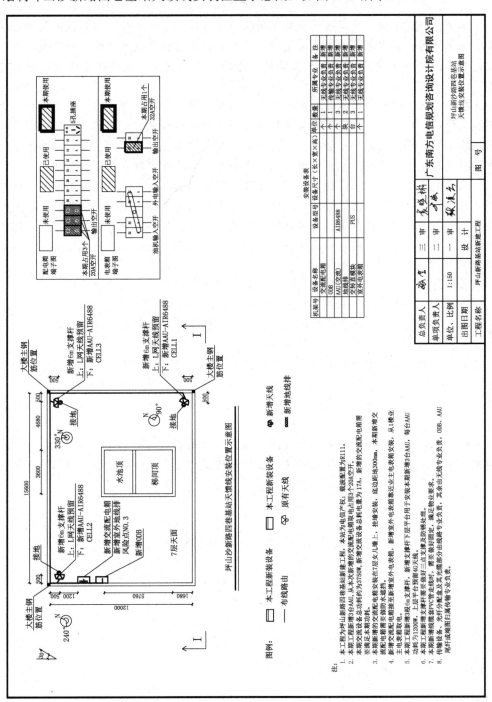

图 5-45 坪山沙新路四巷基站天馈线安装位置示意图

【拓展阅读】

我国成功发射通信技术试验卫星十一号，到底有多先进

2024年2月23日，我国成功发射了通信技术试验卫星十一号，这是我国在卫星通信技术领域取得的一次重要突破。这次发射任务对我国卫星通信技术的验证和发展具有重要意义，为未来的卫星通信技术的发展奠定了基础，同时增强了我国在全球通信领域的竞争力。

这次发射任务的成功离不开我国航天科技人员的辛勤付出和严密组织。在发射当天，我国航天员们按照计划，在指定时间将试验卫星十一号送入太空。随着火箭的咆哮声和熊熊燃烧的火焰，试验卫星十一号顺利脱离地面，向太空飞去。这一震撼人心的画面不仅展示了我国航天技术的高度，也彰显出了我国在科技强国建设中取得的巨大成就。

这次发射任务对我国卫星通信技术的发展具有重要意义。卫星通信技术是现代通信领域的重要组成部分，它不仅能够实现地面通信的全球无缝覆盖，还能提供高速、稳定的通信服务。随着信息时代的发展，卫星通信技术更是成为国家重要的战略性资源。我国成功发射试验卫星十一号，标志着我国具备了更加完善的卫星通信技术，有能力提供更加优质的通信服务。

未来，随着卫星通信技术的不断发展，将实现更加智能化、高速化的通信服务。通过卫星通信技术，人们可以实现更加快速、稳定、安全的数据传输，使得信息交流更加便捷。卫星通信技术也将在应急救援、物流运输、气象预报等领域发挥重要作用，带来更高效的服务和管理。

在未来的发展中，需要更多地关注卫星通信技术的绿色环保性。随着我国经济的快速发展，电子设备和通信设备的需求量在不断增加，这也带来了一定的环境负担。在推动卫星通信技术发展的过程中，要积极倡导绿色、低碳的卫星通信技术，努力追求技术创新与环境保护的平衡，以推动可持续发展的进程。

通信技术试验卫星十一号的成功发射，为未来的卫星通信技术发展奠定了基础。在未来的发展中，应该继续加大对航天科技的投资和研发力度，推动科技创新与环境保护的平衡，为国家的发展壮大做出更大的贡献。

绘制传输管道平面图

 **项目要求**

【知识目标】

◆ 会绘制多边形。

◆ 掌握绘制多段线的方法。

◆ 会使用光栅图像参照辅助绘制工程图。

◆ 会使用图案填充完善图形。

【能力目标】

◆ 熟练调用倒角命令、圆角命令来修图。

◆ 熟悉块的制作方法和使用方法。

◆ 会绘制传输管道平面图。

6.1 基 本 绘 图

6.1.1 绘制多边形

通过 POLYGON 命令可以绘制多种正多边形，如正五边形、正六边形等。在绘制多边形时，通常会利用辅助圆。

【启动命令】

菜单栏：执行"绘图"→"多边形"命令。

工具栏：单击"绘图"面板中的"多边形"图标。

命令：POLYGON 或快捷命令 POL。

【命令选项】

● 边（E）：通过确定多边形一条边的尺寸来绘制正多边形。

● 内接于圆（I）：绘制的多边形内接于圆。

● 外接于圆（C）：绘制的多边形外接于圆。

【绘图案例】

1. 通过确定多边形一条边的尺寸来绘制正多边形

下面以边长为 40mm 的正五边形为例进行讲解。

（1）在菜单栏中执行"绘图"→"多边形"命令。

（2）输入正五边形侧边数，即输入"5"，按 Enter 键。

（3）在绘图区单击，确定正五边形底部左端点，在命令行中输入边长"40"，按 Enter 键，完成正五边形的绘制，如图 6-1 所示。

2. 绘制的多边形内接于圆或外接于圆

下面以正五边形为例，绘制内接于圆和外接于圆的正五边形。

（1）先绘制一个半径为 30mm 的圆。

（2）在菜单栏中执行"绘图"→"多边形"命令。

（3）输入正多边形侧边数，即输入"5"，按 Enter 键，通过对象捕捉，拾取圆心作为正五边形的中心。

（4）如果选择内接于圆，就在命令行中输入"I"，按 Enter 键，输入外接圆半径"30"，按 Enter 键，完成内接于圆的正五边形的绘制，如图 6-2 所示。如果选择外接于圆，就在命令行中输入"C"，按 Enter 键，输入内切圆半径"30"，按 Enter 键，完成外接于圆的正五边形的绘制，如图 6-3 所示。

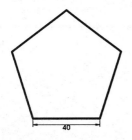 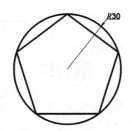 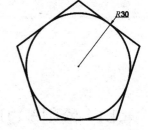

图 6-1 边长为 40mm 的正五边形　　图 6-2 内接于圆的正五边形　　图 6-3 外接于圆的正五边形

6.1.2 绘制多段线

执行多段线命令可以绘制由直线段或弧线组合连接而成的复杂图形对象，该图形对象是一个整体。该图形对象经分解可以得到多条直线或多个圆弧或多个圆。执行多段线命令还可以创建有宽度的图形对象，如箭头、弧形箭头等。

【启动命令】

菜单栏：执行"绘图"→"多段线"命令。

工具栏：单击"绘图"面板中的"多段线"图标。

命令：PLINE 或快捷命令 PL。

【命令选项】

- 圆弧（A）：切换成绘制圆弧。此绘制圆弧的方法与通过执行 ARC 命令绘制圆弧的方法相似。
- 半宽（H）：指定从宽线段中心到其一边的宽度。
- 长度（L）：创建与上一线段方向相同的指定长度的直线段。如果上一线段是圆弧，则创建与该圆弧段相切的直线段。
- 放弃（U）：放弃最近一次添加的线段。
- 宽度（W）：指定下一线段的宽度。
- 闭合（C）：系统将自动连接起点和最后一个端点，形成闭合图形。

【绘图案例】

（1）在命令行中输入"PLINE"，按 Enter 键。

（2）往右拖动鼠标，在命令行中输入直线长度"30"，按 Enter 键。

（3）在命令行中输入"A"，切换成绘制圆弧，向上拖动鼠标，在命令行中输入圆弧直径"20"，按 Enter 键。

（4）在命令行中输入"L"，切换成绘制直线段，往左拖动鼠标，在命令行中输入直线长度"10"，按 Enter 键。

（5）在命令行中输入"W"，指定下一线段的宽度，在命令行中先输入起始宽度"2"，按 Enter 键；然后输入指定端宽度"0"，按 Enter 键；最后输入长度"8"，绘制出长度为"8"的箭头。

最终绘制效果如图 6-4 所示。

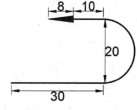

图 6-4　最终绘制效果

【要点提示】

在绘制多段线半宽和宽度时，应该注意以下几点。

（1）端点宽度将作为后续线段的宽度。

（2）宽线段的起点和端点取决于线宽中心线，不受线宽影响。

（3）系统默认相邻宽线段的交点使用倒角，但是圆弧互不相切。在尖锐的角和点画线中不使用倒角。

6.1.3　编辑多段线

编辑多段线是对已经存在的多线段进行修改。AutoCAD 允许用户对多段线进行合并、移动、插入顶点和修改任意两个点之间的线宽等操作。

【启动命令】

菜单栏：执行"修改"→"对象"→"多段线"命令。

工具栏：单击"绘图"面板中的"多线段"图标。

命令：PEDIT 或快捷键 PE。

【命令选项】

- 打开（O）：将处于闭合状态的多段线在闭合处打开。
- 闭合（C）：将处于打开状态的多段线在开放处闭合。
- 合并（J）：将多段线、直线段、圆弧连接，使其成为一条多段线。合并条件是各线段端点首尾相连。
- 宽度（W）：设置所选多段线的新宽度，使各线段宽度都为新宽度。
- 编辑顶点（E）：多段线的起点处将被倾斜的十字叉号标记，该标记是当前顶点标记，用户可以按照命令行提示进行后续操作。
- 拟合（F）：创建一条平滑的圆弧拟合曲线，该曲线会沿指定的切线方向经过多段线的各顶点，如图 6-5 所示。
- 样条曲线（S）：以指定多段线的各顶点为控制点生成样条曲线，如图 6-6 所示。

图 6-5　圆弧拟合曲线操作效果　　　　图 6-6　样条曲线操作效果

- 非曲线化（D）：用直线代替指定多段线中的圆弧。这是一个反拟合过程，如果对图形对象进行过拟合或样条曲线操作，那么图形对象将恢复之前的状态。
- 线型生成（L）：当多段线的线型为非连续性时，规定该多段线各顶点的绘制方式。用户可以根据命令行提示进行操作。当选择 ON 时，允许各顶点生成以短线开始或结束的线型；当选择 OFF 时，允许各顶点生成以长线开始或结束的线型。
- 反转（R）：反转多段线的方向。
- 放弃（U）：放弃最近一次操作，用户可以重复使用此选项。

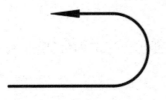

图 6-7　多段线绘制圆弧箭头图形

【绘图案例】

（1）打开多段线绘制圆弧箭头图形文件，如图 6-7 所示。

（2）在命令行中输入"PEDIT"，按 Enter 键，单击如图 6-7 所示的图形对象。

（3）在命令行中输入"W"，按 Enter 键；输入"1"，按 Enter 键，修改多段线的宽度为 1，如图 6-8 所示。

（4）在命令行中输入"D"，按 Enter 键，用直线代替指定多线段中的圆弧，如图 6-9 所示。

（5）按 Esc 键，退出多段线的编辑。

 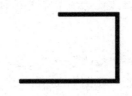

图 6-8　宽度为 1 的多段线图形　　　　图 6-9　"非曲线化"多段线图形

6.2 制 作 块

图块又称块，是由一组图形对象组成的。可以将块当作一个图形对象进行修改等操作。如果一组图形对象被定义为块，那么这组图形对象就会成为一个整体，单击块中任意一个图形对象即可选中该块包含的所有图形对象。

在绘制通信工程图时，如果工程图中拥有大量类似或相同的图形对象，如注释图例、指北针、ODF 等，就可以把需要重复绘制的图形对象定义为块。用户可以根据自身需求定义块的属性，这样做不仅可以提高绘图的效率，而且还可以节省储存空间。

块可以通过分解命令分解为若干个独立且可修改的图形对象，也可以被重新定义，在重新定义后，整个通信工程图中的对应块都会随之改变。

6.2.1 创建块

将常用的图形对象组合在一起创建成一个块，有利于在后续作图时插入相同或类似的图形对象。值得注意的是，这个块只能在本图纸中使用，不能被插入其他图纸。

【启动命令】

菜单栏：执行"绘图"→"块"→"创建"命令。
工具栏：单击"块"面板中的"创建块"图标。
命令：BLOCK 或快捷命令 B。

【命令选项】

"块定义"对话框如图 6-10 所示，各选项说明如下。

图 6-10 "块定义"对话框

● "名称"框：设置新建块的名称。

● "基点"选区：设置插入块时的基准点，默认值是（0,0,0），可以通过在"X"框、"Y"框、"Z"框中输入对应数来修改基准点；也可以单击"拾取点"按钮，在绘图区选择指定点，系统自动返回"定义块"对话框，并把指定点作为基准点。

● "对象"选区：设置新建块的图形对象及该块的对象属性。勾选"在屏幕上指定"复选框，单击"选择对象"按钮，在绘图区选择图形对象，即可对该图形对象进行保留、转换为块、删除等操作。

● "方式"选区：指定块的一些特定方式。"注释性"复选框用于设置在图纸空间中块的参照方向是否与布局方向一致；"按统一比例缩放"复选框用于设置块是否按照统一比例进行缩放；"允许分解"复选框用于设置块是否可以被分解。

● "设置"选区："块单位"下拉列表用于设置块的单位；"超链接"按钮用于创建某个与块相关联的超链接。

● "说明"框：设置新建块的解释说明。

● "在块编辑器中打开"复选框：设置是否在块编辑器中打开当前定义的块。

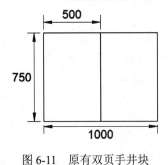

图 6-11　原有双页手井块

【绘图案例】

（1）执行多段线命令绘制原有双页手井块，该块总长度为 1000mm，总宽度为 750mm，单页长度为 500mm，如图 6-11 所示。

（2）在命令行中输入"PEDIT"，按 Enter 键，弹出"块定义"对话框。

（3）按图 6-12 所示设定原有双页手井块的属性，在"名称"框中单击输入"原有双页手井块"。

图 6-12　"块定义"对话框

（4）单击"基点"选区中的"拾取点"按钮，在绘图区拾取原有双页手井块的左下角点。

（5）在"对象"选区中单击"选择对象"按钮，用窗交方式选取原有双页手井块包含的所有图形对象，按 Enter 键。

（6）在"块单位"下拉列表中选择"米"选项，单击"确定"按钮，完成原有双页手井块创建。

【要点提示】

在绘制通信工程图时，通常需要插入管道、手井等常用块，如图6-13所示。

序号	图例	图例名称
1	——	新建管道
2	—	原管道
3	▢	新建单页手井
4	▢	原有双页手井
5	▤	原有三页手井
6	▢	原有单页手井

图6-13 通信工程常用块

6.2.2 创建带属性的块

块属性是附加在块对象上的特殊文本对象，可以用于定义属性、选择模式、文本注释、拾取插入点等。使用带属性的块可以在绘制通信工程图时减少重复操作，提高绘图效率，并节省存储空间。在绘制通信工程图时，通常需要标注不同的表面粗糙度等信息，此时创建带属性的块，可以使这些信息的管理更高效。

【启动命令】

菜单栏：执行"绘图"→"块"→"定义属性"命令。
工具栏：单击"块"面板中的"定义属性"图标。
命令：ATTDEF或快捷命令ATT。

【命令选项】

"属性定义"对话框如图6-14所示，各选项说明如下。

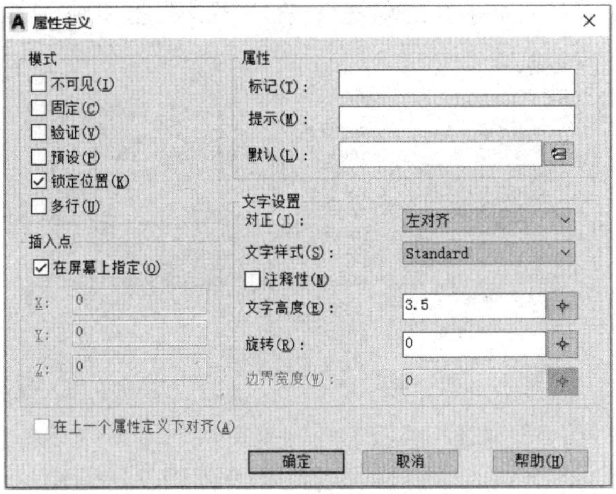

图6-14 "属性定义"对话框

（1）"模式"选区。

● "不可见"复选框：勾选此复选框，属性将被设置为不可见，即在插入块并输入属性值时，属性值不会显示出来。

● "固定"复选框：勾选此复选框，设置的属性值将不可更改，即在插入块时，不需要输入属性值，系统将采用该块的默认属性值。

● "验证"复选框：勾选此复选框，在插入块时，系统将重新显示属性值，以提示用户验证该值是否正确。

● "预设"复选框：勾选此复选框，在插入块时，系统将自动采用预设的值。

● "锁定位置"复选框：勾选此复选框，系统将锁定文字的位置。在解锁后，用户可以调整多行文字属性。

● "多行"复选框：勾选此复选框，属性值将可以使用多行文字表述。

（2）"属性"选区。

● "标记"框：用于标识图形中每次出现的属性。系统会自动把小写转换为大写。

● "提示"框：用于指定插入带属性的块时显示的提示，当属性为常量时，不用设置此项。

● "默认"框：用于设置默认属性值，可以把使用次数最多的值设置为默认值。

（3）"插入点"选区：用于指定块的插入点，该点与块的基点是重合的。

当勾选"在屏幕上指定"复选框时，在绘图区拾取点来指定块的插入点。

当未勾选"在屏幕上指定"复选框时，需要在"X"框、"Y"框、"Z"框中输入数值来指定块的插入点。

（4）"文字设置"选区：用于设置文字的对齐方式、文字样式、文字高度、旋转角度等。

（5）"在上一个属性定义下对齐"复选框：当勾选此复选框时，当前属性将直接放在前一个属性定义的正下方，并且继承前一个属性的定义。

【绘图案例】

（1）在命令行中输入"ATTDEF"，按 Enter 键，弹出"属性定义"对话框。

（2）按图 6-15 所示定义属性。在"属性"选区的"标记"框中输入"NAME"；在"提示"框中输入"请输入原有双页手井的名称"；在"默认"框中输入"地点#标号"。

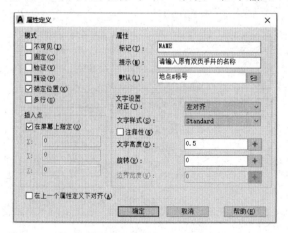

图 6-15 "属性定义"对话框

（3）在"文字设置"选区中，将"文字字高"设置为 0.5。

（4）在"插入点"选区中，勾选"在屏幕上指定"复选框。

（5）单击"确定"按钮，关闭"属性定义"对话框，结果如图 6-16 所示。

（6）将带属性的块移动到原有双页手井块底部，单击确定带属性的块的位置，如图 6-17 所示。

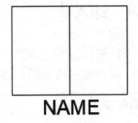

图 6-16　带属性的块　　　　　　　　　图 6-17　原有双页手井块附带属性的块

（7）在命令行中输入"PEDIT"，按 Enter 键，弹出"块定义"对话框。

（8）将"名称"设置为原有双页手井块；将"拾取点"设置为原有双叶手井块的左下角点。使用窗交方式同时选择原有双叶手井块及带属性的块。

（9）单击"确定"按钮，完成带属性块的创建。

6.2.3　创建永久块

将创建的块以图形文本的形式（后缀为.dwg）写入磁盘，这样新创建的块就可以在别的图形中使用，而不是局限于当前图形。

用户可以把经常用到的块保存到磁盘中，以便在下次使用该块时直接调用，无须再次绘制。

【启动命令】

工具栏：在"插入"选项卡的"块定义"面板中单击"插入块"图标。

命令：WBLOCK 或快捷命令 WBL。

【操作步骤】

（1）创建名为"原有双页手井块"的附带属性的块。

（2）在命令行中输入"WBLOCK"，按 Enter 键，弹出"写块"对话框，如图 6-18 所示。

（3）选择"块"单选按钮，并在该下拉列表中选择"原有双页手井块"选项。

（4）在"目标"选区中的"文件名和路径"下拉列表中选择该块的保存路径。

图 6-18　"写块"对话框

（5）在"插入单位"下拉列表中选择"米"选项。

（6）单击"确定"按钮。

前往保存该块的文件夹，可以看到一个名称为"原有双页手井块.dwg"的文件，这表示永久块创建完成。

6.2.4　插入块

用户可以根据需要随时把已经定义好的临时块或永久块文件插入当前图纸的指定位置。在插入时，用户可以改变插入图形的缩放比例及旋转角度。

【启动命令】

菜单栏：执行"插入"→"块"命令。

工具栏：单击"块"面板中的"插入"图标。

命令：INSERT 或快捷命令 I。

【命令选项】

"插入"对话框如图 6-19 所示，各选项说明如下。

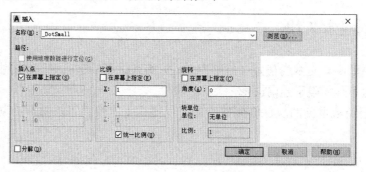

图 6-19　"插入"对话框

- "名称"下拉列表：选择将要插入的块。
- "路径"框：显示块的保存路径。
- "插入点"选区：指定块的插入点，该点与块的基点是重合的。当勾选"在屏幕上指定"复选框时，通过在绘图区拾取点来指定插入点；当未勾选"在屏幕上指定"复选框时，需要通过在"X"框、"Y"框、"Z"框中输入数值来确定插入点。
- "比例"选区：设置块插入图纸时的缩放比例。当勾选"在屏幕上指定"复选框时，通过移动光标来确定缩放比例；当未勾选"在屏幕上指定"复选框时，需要在"X"框、"Y"框、"Z"框中输入数值来确定缩放比例。当勾选"统一比例"复选框时，"Y"框、"Z"框不可输入，只在"X"框中输入数值就可以确定缩放比例。系统默认不进行缩放。当不需要进行缩放时，可以不设置本选项。
- "旋转"选区：设置块插入图纸时的旋转角度。当勾选"在屏幕上指定"复选框时，通过移动光标来确定块插入图纸的旋转角度；当未勾选"在屏幕上指定"复选框时，通过在"角度"框中输入角度值来确定块插入图纸的旋转角度。系统默认不旋转，当不需要旋转时，可以不设置本选项。

● "块单位"选区：设置块的单位及缩放比例。
● "分解"复选框：勾选此复选框后，插入的块将自动被分解为单独的对象，以便进行进一步编辑或修改。

【绘图案例】

（1）打开"通信工程图形.dwg"文件，如图 6-20 所示。

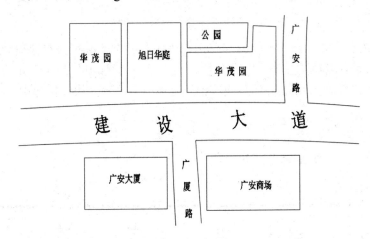

图 6-20　通信工程图形

（2）在命令行中输入"INSERT"，按 Enter 键，弹出"插入"对话框。

（3）在"插入"对话框的"名称"下拉列表中选择"原有双页手井块"选项。

（4）在"插入"对话框的"比例"选区中，勾选"统一比例"复选框，并在"X"框中输入"2"，其他属性保持默认设置，如图 6-21 所示。

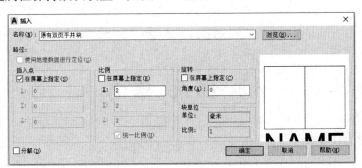

图 6-21　"插入"对话框

（5）单击"确定"按钮，返回绘图区，此时十字光标右上角会显示该块。

（6）移动十字光标把该块定位在"广安大厦"面域对象左侧。

（7）单击，放置原有双页手井块，同时弹出"编辑属性"对话框。

（8）在"编辑属性"对话框的"请输入原有双页手井的名称"框中输入"广安大厦#01"。

（9）单击"确定"按钮，插入第一个块，如图 6-22 所示。

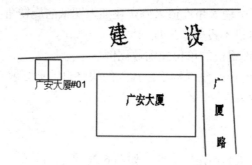

图 6-22　插入原有双页手井块

（10）重复按照步骤（2）～（10），分别在"华茂园"面域对象左侧和"广安商场"面域对象右侧插入原有双页手井块，定义属性分别为"住宅区#01"和"广安商场#01"，并按图 6-23 所示，使用线宽为 0.3mm 的直线段把所有原有双页手井块连接起来。

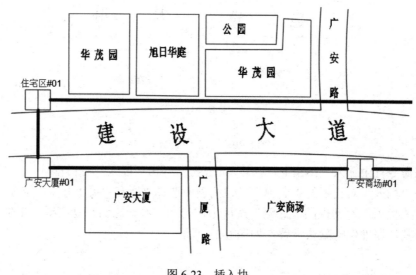

图 6-23　插入块

6.3　图　形　修　改

6.3.1　倒角图形

倒角是用斜线连接两个不平行的线性对象。AutoCAD 规定直线段、射线、多段线、双向无限长线等都可以用斜线连接。

【启动命令】

菜单栏：执行"修改"→"倒角"命令。

工具栏：单击"修改"面板中的"倒角"图标。

命令：CHAMFER 或快捷命令 CHA。

【命令选项】

- 放弃（U）：选择此项，撤销最近一次倒角操作。
- 多段线（P）：选择此项，系统将自动把多段线中的所有相邻直线段按照给定方式和数值进行倒角。
- 距离（D）：选择此项，可以设置距第一个对象和第二个对象交点的倒角距离。
- 角度（A）：选择此项，可以通过设置倒角角度对图形对象进行倒角。
- 修剪（T）：选择此项，设置在倒角连接时是否修剪所选图形对象倒角区域的线段，如图 6-24 所示。
- 多个（M）：选择此项，可以按照给定方式和数值连续进行多个倒角，不必重新执行倒角命令。

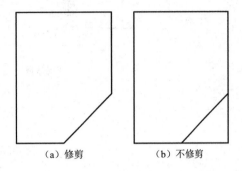

（a）修剪　　　（b）不修剪

图 6-24　"倒角"修剪选项

【操作步骤】

（1）打开"通信工程图形.dwg"文件，如图 6-20 所示。

（2）在命令行中输入"CHAMFER"，按 Enter 键。

（3）在命令行中输入"D"，按 Enter 键，通过设置倒角距离来进行倒角操作。

（4）输入第一个对象的倒角距离"2"，按 Enter 键。

（5）输入第二个对象的倒角距离"2"，按 Enter 键。

（6）单击第一个对象，即"公园"面域对象最上方线段。

（7）单击第二个对象，即"公园"面域对象左侧线段。

（8）完成第一个倒角操作，效果如图 6-25 所示。

图 6-25　倒角操作效果

（9）按照步骤（2）～（8），将图 6-20 中所有面域对象的四个顶点改为倒角，所有倒角距离为 2mm，最终效果如图 6-26 所示。

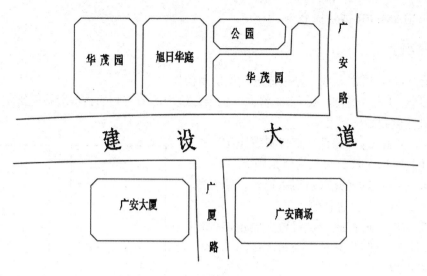

图 6-26　倒角案例最终效果

6.3.2　圆角图形

圆角是指用指定半径的圆弧段来连接两个图形对象。AutoCAD 规定一对直线段、非圆弧线段的多段线、射线、双向无限长线、圆、圆弧等都可以使用圆弧连接。

【启动命令】

菜单栏：执行"修改"→"圆角"命令。
工具栏：单击"修改"面板中的"圆角"图标。
命令：FILLET 或快捷命令 F。

【命令选项】

● 放弃（U）：选择此项，撤销最近一次圆角操作。
● 多段线（P）：选择此项，系统将自动把多段线中所有相邻直线段按照给定方式和数值进行圆角操作。
● 半径（R）：选择此项，设置圆角的半径。
● 修剪（T）：选择此项，设置在进行圆角操作时，是否修剪所选图形对象圆角区域的线段。
● 多个（M）：选择此项，可以按照给定方式和数值连续进行多个圆角操作，不必重新执行圆角命令。

【绘图案例】

（1）打开"通信工程图形.dwg"文件，如图 6-20 所示。
（2）在命令行中输入"FILLET"，按 Enter 键。
（3）在命令行中输入"R"，按 Enter 键，通过设置圆角半径进行圆角操作。

（4）在命令行中输入"5"，按 Enter 键。

（5）单击选择第一个对象，即广厦路左侧转角上方的线段。

（6）单击选择第二个对象，即广厦路左侧转角右侧的线段。

（7）完成第一个圆角操作，效果如图 6-27 所示。

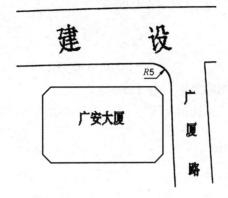

图 6-27　圆角操作效果

（8）按照步骤（2）～（8），将图 6-20 中的所有直角改为圆角，所有圆角半径为 5mm。最终效果如图 6-28 所示。

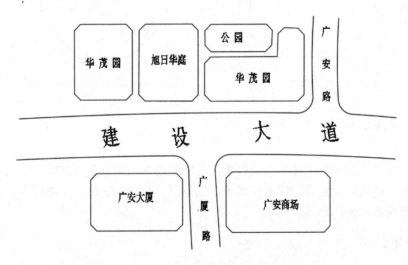

图 6-28　圆角案例最终效果

6.3.3　打断

打断是在所选图形对象的两个点间创建间隔。允许打断的图形对象有直线段、圆弧、圆、多段线、射线、样条曲线等。执行打断命令后，原图形对象将会变成两个独立的图形对象。

【启动命令】

菜单栏：执行"修改"→"打断"命令。

工具栏：单击"修改"面板中的"打断"图标。

命令：BREAK 或快捷命令 BR。

【命令选项】

第一点（F）：选择此项，指定第一个打断点。

【绘图案例】

（1）绘制边长为 30mm 的正八边形，如图 6-29 所示。

（2）在命令行中输入"BREAK"，按 Enter 键。

（3）单击正八边形最上方线段上任意一点，往右拖动鼠标，此时可以看到打断处的轮廓线变成灰色。

（4）单击选择第二个打断点。

打断后的正八边形如图 6-30 所示。

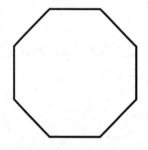 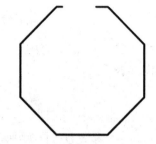

图 6-29　打断前的正八边形　　　　图 6-30　打断后的正八边形

6.3.4　打断于点

打断于点是指将图形对象在某点处打断，打断处没有间隙。允许打断于点的图形对象有直线段、圆弧、多段线、射线、样条曲线等，注意圆、椭圆、矩形、多边形等封闭性图形对象不能进行打断于点操作。

【启动命令】

工具栏：单击"修改"面板中的"打断于点"图标。

【绘图案例】

（1）执行多段线命令，绘制边长为 30mm，夹角为 60°的 V 形图形，如图 6-31 所示。

（2）单击"修改"面板中的"打断于点"图标，并单击 V 形图形下面的尖点，完成打断于点操作。

（3）单击 V 形图形左侧的边，可以看到左侧边成为一个独立的图形对象，如图 6-32 所示。

图 6-31　打断于点前的 V 形图形　　　　图 6-32　打断于点后的 V 形图形

6.4　图案填充

通过图案填充可以表示某个区域的材质或用料，描述对象的材料特性，提高工程图的可读性。在绘制通信工程图时，填充图案可以让图中的信息更明确、清晰，还可以使用渐变色填充来增强图形的效果。

图案填充涉及图案边界、孤岛、孤岛检测方式三个基本概念，对应解释说明如下。

（1）图案边界：确定图案填充的边界，该边界在图层上全部可见，如图 6-33 中的外部方框所示。

（2）孤岛：在图案填充范围内存在的闭合图形对象，如图 6-33 中的圆和三角形所示。

（3）孤岛检测方法：用于指定是否把内部对象包括为边界对象。

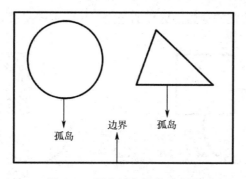

图 6-33　图案填充概念示意图

6.4.1　图案填充操作

通过填充不同类型的图案可以描述区域的材质，图案类型有实体、渐变色、图案及自定义。

【启动命令】

菜单栏：执行"绘图"→"图案填充"命令。

工具栏：单击"绘图"面板中的"图案填充"图标。

命令：BHATCH 或快捷命令 BH。

【命令选项】

"图案填充创建"选项卡如图 6-34 所示，各面板对应解释说明如下。

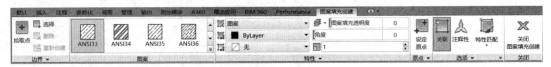

图 6-34　"图案填充创建"选项卡

1. "边界"面板

（1）"拾取点"按钮：根据围绕指定点构成封闭区域的现有对象确定图案填充边界，如图 6-35 所示。

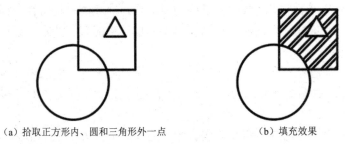

（a）拾取正方形内、圆和三角形外一点　　　　　　（b）填充效果

图 6-35　"拾取点"按钮作用

（2）"选择"按钮：根据构成封闭区域的选定对象确定图案填充边界，如图 6-36 所示，该选项会忽略孤岛。

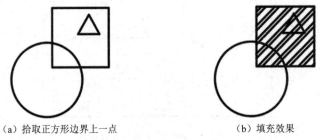

（a）拾取正方形边界上一点　　　　　　（b）填充效果

图 6-36　"选择"按钮作用

（3）"删除"按钮：在进行图案填充时，单击该按钮可以删除多余的填充图案，如图 6-37 所示。

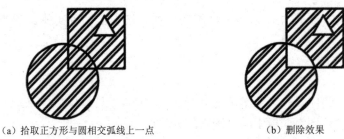

（a）拾取正方形与圆相交弧线上一点　　　　　　（b）删除效果

图 6-37　"删除"按钮作用

（4）"重新创建"按钮：围绕选定的填充图案或填充对象创建多段线或面域，并使其与图案填充线关联。

（5）"显示边界对象"按钮：选择定义关联图案填充、实体填充或渐变填充边界的对象，使用显示的夹点可修改图案填充边界。

（6）"保留边界对象"下列列表：包括"不保留边界对象"选项、"保留边界-多段线"选项、"保留边界-面域"选项。

2. "图案"面板

"图案"面板显示了所有预定义和自定义图案的预览图像。

3. "特性"面板

通过"特性"面板可以设置填充图案的类型、颜色、背景色、透明度、角度、缩放比例等。

4. "原点"面板

"原点"面板用于指定新的原点。

5. "选项"面板

（1）"关联"按钮：控制当用户修改边界时是否自动更新填充图案。

（2）"注释性"按钮：控制填充图案是否作为注释性对象进行处理。

（3）"特性匹配"按钮：使用选定的图案填充对象属性设置图案填充属性，有使用当前原点和使用源图案填充原点两种方式。

（4）"允许的间隙"框：设置填充图案边界与图案填充对象边界的最大间隙，默认为0。

（5）"创建独立的图案填充"按钮：设置在指定了几个独立的闭合边界时，是创建单个图案填充对象，还是创建多个图案填充对象。

（6）"孤岛检测"下拉列表：包括有"普通孤岛检测"选项、"外部孤岛检测"选项、"忽略孤岛检测"选项、"无孤岛检测"选项。

① "普通孤岛检测"选项：从拾取点指定的区域开始向内自动填充孤岛。

② "外部孤岛检测"选项：相对于拾取点的位置，仅填充外部图案填充边界和任何内部孤岛之间的区域。

③ "忽略孤岛检测"选项：从最外部的图案填充边界向内填充，忽略内部对象。

④ "无孤岛检测"选项：关闭传统的孤岛检测方法。

（7）"绘图次序"下拉列表：设置填充图案与图形对象的关系。

6. "关闭"面板

"关闭图案填充创建"按钮：关闭图案填充面板。

【绘图案例】

（1）绘制如图6-38所示的通信工程机械底座图。

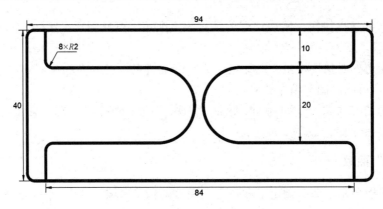

图 6-38　通信工程机械底座图

（2）在命令行中输入"BHATCH"，按 Enter 键，弹出"图案填充创建"选项卡。

（3）在"特性"面板左上角的下拉列表中，选择"实体"选项，并在"图案"面板中选择"ANSI36"选项。

（4）在"选项"面板的"孤岛检测"下拉列表中选择"外部孤岛检测"选项。

（5）单击"边界"面板中的"拾取点"按钮，返回绘图区。

（6）拾取如图 6-38 所示通信工程机械底座图中"工"字形内任意一点，按 Enter 键。

（7）单击"关闭图案填充创建"按钮，完成图案填充，效果如图 6-39 所示。

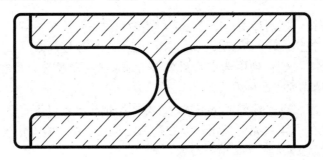

图 6-39　图案填充效果

6.4.2　面域

面域是由闭合图形对象转换而成的，可以是由直线、圆弧、多段线、样条曲线等对象组成的闭合图形对象。

【启动命令】

菜单栏：执行"绘图"→"面域"命令。

工具栏：单击"绘图"面板中的"面域"图标。

命令：REGION 或快捷命令 REG。

【操作步骤】

（1）在命令行中输入"REGION"，按 Enter 键。

（2）选择需要转换成面域的图形对象，按 Enter 键，完成面域的创建。

6.4.3　修订云线

修订云线是由连续圆弧组成的多段线，有矩形修订云线、多边形修订云线、徒手画修订云线三种方式。用户可以根据自身需求定义修订云线的属性，如弧长、样式等。

【启动命令】

菜单栏：执行"绘图"→"修订云线"命令。
工具栏：单击"绘图"面板中的"修订云线"图标。
命令：REVCLOUD。

【命令选项】

● 弧长（A）：设置最小弧长及最大弧长。
● 对象（O）：把已经存在的图形对象转换成修订云线。
● 矩形（R）：采用矩形方式创建修订云线。
● 多边形（P）：采用多边形方式创建修订云线。
● 徒手画（F）：采用徒手画方式创建修订云线。
● 样式（S）：设置云线样式为普通或手绘。
● 修改（M）：把多线段修订成云线。

【绘图案例】

（1）绘制边长为 50mm 的正九边形，如图 6-40 所示。
（2）在命令行中输入"REVCLOUD"，按 Enter 键。
（3）在命令行中输入"A"，按 Enter 键，设置最小弧长及最大弧长。在命令行中输入"10"，按 Enter 键，修改最小弧长为 10mm。在命令行中输入"30"，按 Enter 键，修改最大弧长为 30mm。
（4）在命令行中输入"O"，按 Enter 键，将图形对象转换成修订云线。在绘图区单击正九边形图形对象，在命令行中输入"N"，选择不反向，按 Enter 键。

将正九边形转换成修订云线的效果如图 6-41 所示。

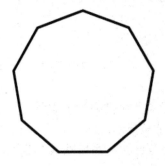

图 6-40　边长为 50mm 的正九边形　　　图 6-41　将正九边形转换成修订云线的效果

6.5　外部参照的使用

在绘制图形时，可以将其他图形以块的形式插入，并作为当前图形的一部分，此部分图形就是外部参照。合理地使用外部参照可以节省存储空间。

6.5.1　DWG 参照

想要使用外部参照，就需要先附着外部参照文件。

【启动命令】

菜单栏：执行"插入"→"DWG 参照"命令。
工具栏：在"插入"选项卡中，单击"参照"面板中的"附着"图标。
命令：ATTACH。

【命令选项】

"附着外部参照"对话框如图 6-42 所示，相关说明如下。

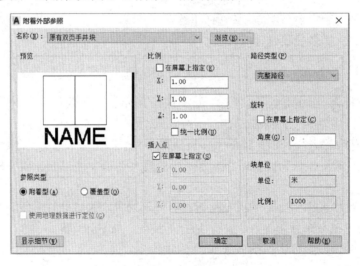

图 6-42　"附着外部参照"对话框

（1）"参照类型"选区。

● "附着型"单选按钮：选择此单选按钮，将设置参照类型为附着型。当图形中嵌套有其他外部参照时，会将嵌套的外部参照包含在内。

● "覆盖型"单选按钮：选择此单选按钮，将设置参照类型为覆盖型。任何嵌套在其中的覆盖型外部参照都将被忽略，其本身也不能被显示。

（2）"比例"选区：用于设置块插入图纸时的缩放比例，系统默认不缩放。当用户不需要缩放块时，可以不设置本选区。

- 当勾选"在屏幕上指定"复选框时，将通过移动光标来确定块的缩放比例。
- 当未勾选"在屏幕上指定"复选框时，将通过在"X"框、"Y"框、"Z"框中输入数值来确定块的缩放比例。
- 当勾选"统一比例"复选框时，"Y"框和"Z"框将不可输入数值，用户只需要在"X"框中输入数值，就可以确定块的缩放比例。

（3）"插入点"选区：用于指定块插入点，该点与块的基点是重合的。

- 当勾选"在屏幕上指定"复选框时，将通过在绘图区拾取指定点来确定块的插入点。
- 当未勾选"在屏幕上指定"复选框时，将需通过在"X"框、"Y"框、"Z"框中输入数值来确定块的插入点。

（4）"路径类型"下拉列表：包含"相对路径"选项、"完整路径"选项、"无路径"选项。

（5）"旋转"选区：用于设置块插入图纸的旋转角度，系统默认不旋转。当用户不需要旋转块时，可以不设置本选区。

- 当勾选"在屏幕上指定"复选框时，将通过移动光标来确定块的旋转角度。
- 当未勾选"在屏幕上指定"复选框时，将通过在"角度"框中输入数值来确定块的旋转角度。

（6）"块单位"选区：用于设置块的单位及缩放比例。

【操作步骤】

（1）在命令行中输入"ATTACH"，按 Enter 键，弹出"选择参照文件"对话框，如图 6-43 所示。

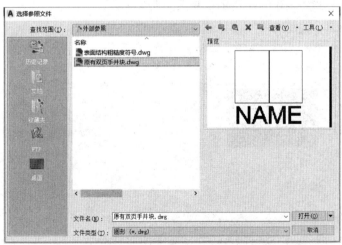

图 6-43 "选择参照文件"对话框

（2）将"文件类型"设置为图形文件（*.dwg），选择需要导入的参照图像。这里选择"原有双页手井块.dwg"文件。

（3）单击"打开"按钮，弹出"附着外部参照"对话框，如图 6-42 所示。

（4）根据自身需求修改属性后，单击"确定"按钮。

（5）在指定位置单击，即可插入外部参照。

【要点提示】

（1）在插入外部参照时，外部参照文件需要处于关闭状态。

（2）对外部参照文件进行编辑并保存后，外部参照会随之更新。

6.5.2 插入光栅图像参照

将光栅图像参照插入通信工程图纸，就是将该参照文件链接到当前通信工程图纸。当修改加载的光栅图像参照文件时，当前通信工程图纸中插入的光栅图像参照将随之更改。光栅图像参照文件可以是任意类型的图像文件。

通信工程中在部署光缆工程时，一般先在工程图中插入光栅图像参照，再通过光栅图像参照中建筑物、道路、湖泊的轮廓描绘对应的 AutoCAD 图形对象，最后在该图形上描绘光缆的位置、长度、宽度等。

【启动命令】

菜单栏：执行"插入"→"光栅图像参照"命令。

工具栏：在"插入"选项卡中，单击"参照"面板中的"附着"图标。

命令：IMAGEATTACH 或快捷命令 IAT。

【命令选项】

"附着图像"对话框如图 6-44 所示，相关说明如下。

图 6-44 "附着图像"对话框

（1）"预览"选区：用于预览将要插入的光栅图像参照。

（2）"路径类型"下拉列表：包括"相对路径"选项、"完整路径"选项、"无路径"选项。

（3）"插入点"选区：用于指定块的插入点，该点与光栅图像参照的基点是重合的。

● 当勾选"在屏幕上指定"复选框时，将通过在绘图区拾取指定点来确定光栅图像参照的插入点。

● 当未勾选"在屏幕上指定"复选框时，将通过在"X"框、"Y"框、"Z"框中输入数值来确定光栅图像参照的插入点。

（4）"缩放比例"选区：用于设置插入图纸的光栅图像参照的缩放比例，系统默认不缩放。当用户不需要缩放光栅图像参照时，可以不设置本选区。

● 当勾选"在屏幕上指定"复选框时，将通过移动光标来确定光栅图像参照的缩放比例。
● 当未勾选"在屏幕上指定"复选框时，将通过在"X"框、"Y"框、"Z"框中输入数值来确定光栅图像参照的缩放比例。

（5）"旋转角度"选区：用于设置光栅图像参照插入图纸时的旋转角度，系统默认不旋转。当用户不需要旋转光栅图像参照时，可以不设置本选区。

● 当勾选"在屏幕上指定"复选框时，将通过移动光标来确定光栅图像参照的旋转角度。
● 当未勾选"在屏幕上指定"复选框时，将通过在"角度"框中输入角度值来确定光栅图像参照的旋转角度。

（6）"显示细节"按钮：单击此按钮，将显示光栅图像参照的图像信息、大小、位置等，如图 6-45 所示。

图 6-45　显示细节

【启动命令】

（1）在命令行中输入"IMAGEATTACH"，按 Enter 键，弹出"选择参照文件"对话框。
（2）选择需要导入的光栅图像参照文件。这里选择"光栅图像.png"文件。
（3）单击"打开"按钮，弹出"附着图像"对话框。
（4）根据自身需求修改属性，单击"确定"按钮。
（5）返回绘图区，在指定位置单击。
（6）移动光标，选择缩放比例，单击，插入光栅图像参照，效果如图 6-46 所示。

图 6-46　光栅图像参照插入效果

6.5.3 编辑外部参照

当外部参照编辑完成并保存后，已插入图纸的外部参照也会随之发生更改。

【启动命令】

工具栏：在绘图区单击外部参照，弹出"外部参照"选项卡，在该选项卡的"编辑"面板中单击"🖻"图标。

命令：REFEDIT。

【操作步骤】

（1）在命令行中输入"REFEDIT"，按 Enter 键。

（2）单击外部参照，弹出"参照编辑"对话框，如图 6-47 所示。

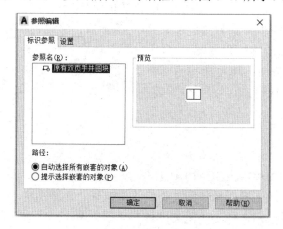

图 6-47 "参照编辑"对话框

（3）单击"确定"按钮，即可对外部参照进行修改。

（4）完成对外部参照的修改后，在"默认"选项卡中的"编辑参照"面板（见图 6-48）中，单击"保存修改"按钮。

（5）此时系统会弹出"AutoCAD"对话框，如图 6-49 所示，单击"确定"按钮，即可完成对外部参照的编辑。

图 6-48 "编辑参照"面板

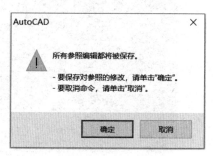

图 6-49 "AutoCAD"对话框

6.6　训练任务：绘制传输管道平面图

【任务背景】

在现代通信网络中，基站与通信终端间的通信采用的是无线方式，而基站间的通信及中继路由的远距离数据传输是通过管道光缆进行的。管道光缆的特点包括支持长距离传输、宽频带、容量大，整体线路呈线状分布。在绘制管道光缆线路图时，应涵盖光缆线路及周边环境建筑两部分，所有线路都需要明确标示方向，并对手孔、人孔及子管的占用情况进行注释。在设计工程图时，可先根据勘察草图绘制关键建筑和道路，然后添加线路，并进行详细标注与说明。

【任务目标】

绘制传输管道平面图。

【任务要求】

绘制莲花二村新建光缆工程平面图，如图 6-50 所示。要求从黄木岗机楼三楼传输机房布设光缆至莲花二村。

【任务分析】

观察并分析图 6-50，结合任务要求，把任务分成以下几部分。

（1）光缆工程图绘制在 A3 图幅的图纸上，工程主图在图纸左边，插入指北针作为方向标（把指北针做成块）。

（2）地形图的参照物可以根据图纸大小选择合适的尺寸，需要时，可以对 A3 图幅进行相应倍数的放大。参照物主要有小区、学校、公园、道路、河流、村庄等关键建筑。

（3）先画地形图，后画新建光缆，新建工程应该加粗或采用不同颜色绘制。光缆工程根据同期工程规定和现场地形建立人孔或手孔。

（4）在地形图上标注参考物文字、新建光缆名称及相关标号信息和光缆连接端信息，可以新建表格信息记录。

（5）绘制图例，添加工程说明。

【任务实施】

（1）打开"通信工程.dwt"模板文件，把图纸放大 15 倍左右，以便进行 1∶1 绘图。

（2）通过执行直线制图命令、偏移命令、圆角命令完成地形地貌图例。

（3）使用多行文字标注参考建筑物，绘制指北针，明确工程方位。

（4）制作光缆编码信息、图例，在图纸上标注新建光缆成端信息及工程注意事项。

（5）使用"通信工程"文字样式添加工程图说明。

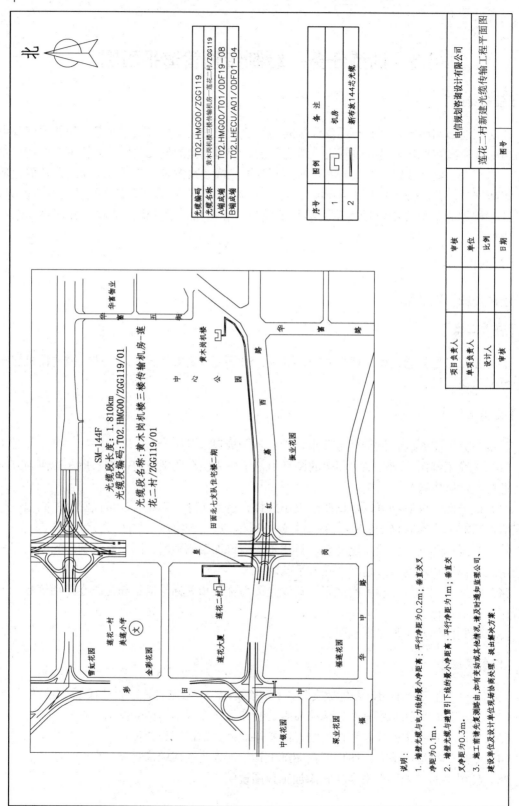

图 6-50　莲花二村新建光缆工程平面图

【拓展练习】

按照上述任务要求，完成如图 6-51 和图 6-52 所示两个平面图的绘制。

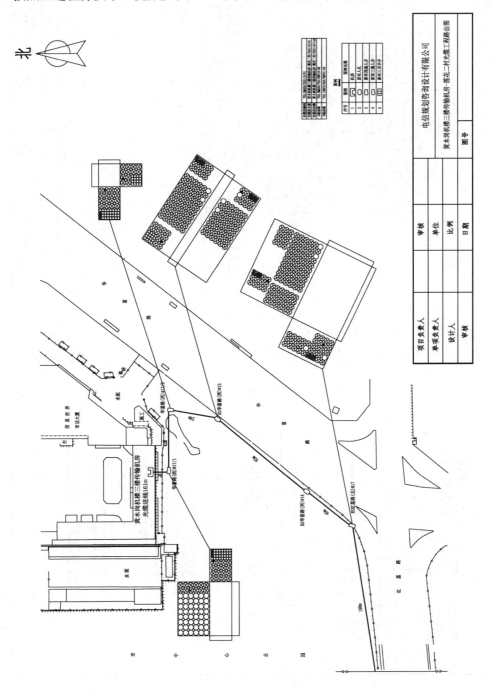

图 6-51　黄木岗机楼三楼传输机房-莲花二村光缆工程路由图

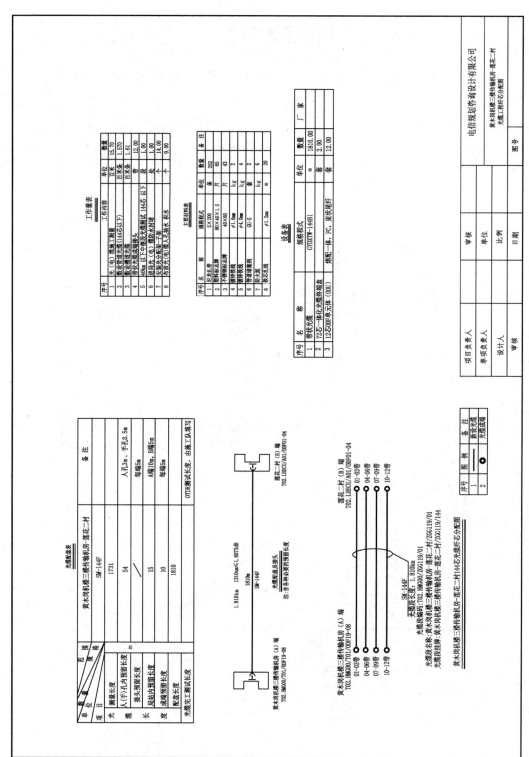

图 6-52　黄木岗机楼三楼传输机房-莲花二村光缆工程纤芯分配图

【拓展阅读】

从"差三代"到"全覆盖"——国产离子注入机自主研发攻关

提起离子注入机，熟悉集成电路的人都知道，该设备与光刻机、刻蚀机、镀膜机并称为芯片制造的"四大核心装备"，其高端市场长期被国外垄断。

20多年前，为突破集成电路装备自主创新的堵点卡点，中国电科所属中电科电子装备集团（以下简称"电科装备"）第四十八研究所组建研发团队，走上离子注入机科研攻关之路。

"当时，我国离子注入机工艺精度只有0.5微米，相比国际先进的90纳米，在技术指标上差了三代。"电科装备党委书记、董事长景璀日前告诉科技日报记者，"研发团队奋起直追，先后攻克千余项关键技术，实现了国产离子注入机'从无到有'再到'多点开花'的跨越。"

2024年年初，"中国电科实现国产离子注入机28纳米工艺全覆盖"入选"2023年度央企十大国之重器"。

1. "孤勇出征"造出首台样机

在制造芯片时，由于纯净硅不具备导电性，需要掺入不同种类的元素改变其结构与电导率。这一过程要靠离子注入机来完成——通过电磁场控制高速运动的离子，按照工艺要求将其精准注入硅基材料，从而控制材料的导电性能，进而形成PN结等集成电路器件的基本单元。

2003年，研发团队开启了高端离子注入机的攻关历程。国内经验匮乏，国外技术封锁，团队成员"孤勇出征"。他们挤在小公寓里研究设计图，在租借的小厂房里做实验。团队里有刚毕业的小伙、刚成家生子的青壮年，以及快退休的老同志，大家一起工作、一起生活，隔3个月才能回一次家。由于那时缺乏计算机辅助设计工具，面对内部结构精密而复杂的离子注入机，几位经验丰富的老师傅绞尽脑汁，整天围着设备苦苦钻研，全凭二维设计和空间构思去理解这些构造，用了几个星期才把它搞明白。由于从样机中只能获得二进制代码，研发人员被逼反向破解，逐行逐字推敲，摸索控制指令及其对应的功能，反复琢磨这些指令对产品工艺精度和技术指标的影响。

历时近两年，研发团队在吃透机器构造原理、控制设计思路等基础上，完成了自主样机的设计方案，并突破关键部件研制难题，最终造出首台样机。

2. "破釜沉舟"完成工艺验证

从样机到市场，其间路途漫漫。2012年年底，研发团队成功研制出28纳米中束流离子注入机。按规定，要在两年内完成产线工艺验证。实际上，除去大规模量产前的稳定性验证和试投产，真正留给工艺验证的时间只有一年左右。

然而，离子注入机完成一轮验证就需要近三个月，而且其过程像"开盲盒"。只有把所有工序走完，对成品进行电性测量后，才知道离子注入质量如何。一旦验证结果不合格，就要调出整个注入过程中所有的参数，逐一检查比对，找到问题，然后修正。在时间紧、任务重的情况下，研发团队在遭遇连续两次验证失败后"破釜沉舟"，他们对设备进行软硬件升级，把此前出过问题的环节全部重试一遍，确保无误之后才开始验证。

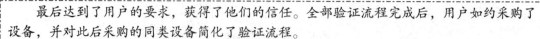

最后达到了用户的要求，获得了他们的信任。全部验证流程完成后，用户如约采购了设备，并对此后采购的同类设备简化了验证流程。

3. "多点开花"打造国之重器

完成 28 纳米中束流离子注入机工艺验证后，研发团队于 2017 年全面铺开大束流离子注入机研发。他们要在产品谱系上"多点开花"。中束流与大束流离子注入机，分别应用在芯片制造的不同环节，适用于不同工艺需求。二者各有所长，缺一不可。

有了中束流设备的研制经验，大束流设备研制一路"高歌猛进"——2018 年实现样机设计，2019 年完成样机装配及调试，2020 年交付用户，2021 年年底开始工艺验证。2023 年，研发团队成功实现全系列离子注入机 28 纳米工艺全覆盖。

20 多年来，研发团队先后研制出中束流、大束流、高能、特种等全系列国产离子注入机产品，超百台设备广泛应用于各集成电路制造企业 90 纳米、55 纳米、40 纳米、28 纳米工艺生产线，为我国集成电路产业链供应链安全与稳定提供了坚实保障。

资料来源：《科技日报》

项目 7

绘制室内分布系统图

【知识目标】

◆ 掌握射线命令、构造线命令的调用方法。

◆ 会建立图形界限。

◆ 会调用查询命令。

◆ 能识读室内分布系统图。

【能力目标】

◆ 掌握打印图纸的方法。

◆ 能够通过模型空间输出图形。

◆ 能绘制室内分布系统图。

7.1 基本绘图工具

在绘制复杂工程图时，为了保证绘图的精确性，提高工作效率，通常需要借助辅助线来绘图。辅助线使用的是细实线，绘制在"0"图层，在输出图形时不要求输出。

7.1.1 射线

射线是一端固定、另一端无限延长的直线，即只有起点没有终点或终点在无穷远处的直线。它主要用作图形中投影所得线段的辅助线，或者某些长度参数不确定的角度线等。

【启动命令】

菜单栏：执行"绘图"→"射线"命令。

工具栏：在"绘图"面板中单击"射线"图标。

命令：RAY。

【命令选项】

在"绘图"面板中单击"射线"图标，在绘图区分别指定通过的点，即可绘制射线，如图 7-1 所示。

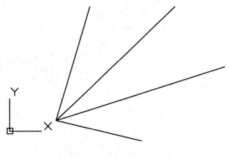

图 7-1　绘制射线

7.1.2　构造线

构造线是一条没有起点和终点的直线，用于模拟手工作图时的辅助线。可以将构造线绘制在"0"图层，在输出图形前关闭该图层即可。构造线常用于辅助绘制三视图，以保证三视图之间"主、俯视图长对正，主、左视图高平齐，俯、左视图宽相等"的对应关系。

【启动命令】

菜单栏：执行"绘图"→"构造线"命令。
工具栏：在"绘图"面板上单击"构造线"图标。
命令：XLINE 或快捷命令 XL。

【命令选项】

● 指定点：绘制通过两个指定点的构造线。
● 水平（H）：绘制通过指定点的水平构造线。
● 垂直（V）：绘制通过指定点的垂直构造线。
● 角度（A）：绘制沿指定方向或与直线之间的夹角为指定角度的构造线。
● 二等分（B）：绘制由用户指定的两个点确定的直线或角平分为两个相等的部分构造线。
● 偏移（O）：绘制与指定直线平行的构造线。

7.2　参 数 化 设 计

7.2.1　图形界限

图形界限用于标明用户的工作区域和图纸的边界，以便准确地绘制和输出图形，避免绘制的图形超出某个范围。

【启动命令】

菜单栏：执行"绘图"→"图形界限"命令。
命令：LIMITS 或快捷命令 LIM。

【命令选项】

- 开（ON）：使图形界限有效，系统在图形界限以外拾取的点将视为无效。
- 关（OFF）：使图形界限无效，用户可以在图形界限以外拾取点或实体。

【应用案例】

调用图形界限命令，设置图形界限为 420mm×297mm，命令行提示与操作如下。

```
命令：LIMITS
重新设置模型空间界限：
指定左下角点或 [开(ON)/关(OFF)] <0.0000,0.0000>: 420,297
指定左下角点或 [开(ON)/关(OFF)] <420.0000,297.0000>: on
```

7.2.2　几何约束

几何约束是利用几何约束工具指定草图对象必须遵守的条件或草图对象之间维持的关系，如要求两条直线必须相互垂直或平行、几个圆或圆弧具有相同的半径等。几何约束为设计人员设计草图对象提供了很大的便利。

【启动命令】

菜单栏：执行"参数"→"几何约束"命令，如图 7-2 所示。

【命令选项】

- 重合：约束两个点使其重合，或者约束一个点使其位于曲线上，可以使对象上的约束点与某一个对象重合，也可以使其与另一个对象上的约束点重合。
- 垂直：选定的直线位于彼此垂直的位置。垂直约束在两个对象之间应用。

图 7-2　执行"参数"→
"几何约束"命令

- 平行：使选定的直线位于彼此平行的位置。平行约束在两个对象之间应用。
- 相切：使两条曲线保持彼此相切或其延长线保持彼此相切。相切约束在两个对象之间应用。
- 水平：使直线或点位于当前坐标轴与 X 轴平衡的位置。
- 竖直：使直线或点位于当前坐标轴与 Y 轴平衡的位置。
- 共线：使两条或多条直线段沿同一直线方向。

- 同心：将两个圆弧、圆或椭圆约束到同一个中心点，与将重合约束应用于曲线的中心点产生的效果相同。
- 平滑：将样条曲线约束为连续，并与其他样条曲线、直线、圆弧或多段线保持连续。
- 对称：使选定对象相对于选定直线对称。
- 相等：将选定圆弧和圆的尺寸调整为半径相同，或者将选定直线的尺寸调整为长度相等。
- 固定：将约束应用于一对对象时选择对象的顺序，以及选择的对象上的点可能会影响对象彼此间的放置方式。

7.3 查询对象信息

在创建图形对象时，AutoCAD 不仅是在绘图区绘制出图形对象，同时建立了关于该对象的一组数据，并将它们保存到了图形数据库中。这些数据包含对象的图层、颜色和线型等信息，以及对象的面域、坐标值等属性。在执行绘图操作和管理图形文件时，需要从各种图形对象中获取各种信息。通过查询对象，可以从这些数据中获取大量有用信息。

执行"工具"→"查询"命令，即可看到用于提取对象几何信息的"查询"子菜单，如图 7-3 所示。

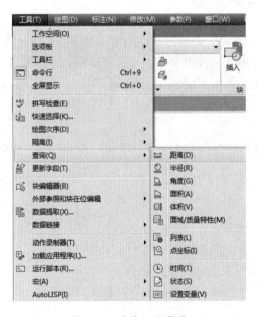

图 7-3 "查询"子菜单

7.3.1 查询距离和角度

在绘图过程中，如果严格按尺寸输入，则绘制出的图形对象能准确反映实际尺寸。一般在采用屏幕上拾取点的方式绘制图形时，当前图形对象的实际尺寸并不能准确地反映出来。

此时，可以通过执行距离和角度查询命令查询图形对象的距离和角度。

【启动命令】

菜单栏：执行"工具"→"查询"→"距离"命令。
命令：DIST。

【应用案例】

查询坐标(100,100)和(300,300)之间的距离：执行"工具"→"查询"→"距离"命令，在命令行中输入第一个点的坐标(100,100)和第二个点的坐标(300,300)，绘图区和命令行中将显示两个点之间的距离和与 *X-Y* 平面的夹角，如图 7-4 所示。

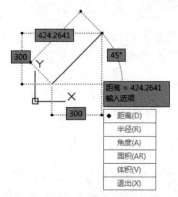

图 7-4   查询两个点间的距离

7.3.2   查询面积

在绘图过程中，执行查询面积命令可以快速查询区域的面积和周长信息。

【启动命令】

菜单栏：执行"工具"→"查询"→"面积"命令。
命令：AREA。

【应用案例】

查询边长为 40mm 的正方形面积：执行"工具"→"查询"→"距离"命令，在命令行中提示"指定第一个角点或 [对象(O)/增加面积(A)/减少面积(S)/退出(X)] <对象(O)>："，在提示内容后输入"o"，在绘图区单击该正方形，绘图区和命令行中将显示该正方形的区域和周长信息，如图 7-5 所示。

图 7-5　查询正方形面积

7.3.3　列表显示对象信息

执行列表命令可以显示选定对象的属性数据，该命令可以列出任意对象信息，返回的信息取决于选择的对象类型。其中，对象类型、对象所在图层和对象相对于当前用户坐标系的空间位置等信息是常驻的。

另外，执行列表命令还可以显示部分特殊信息，如显示厚度未设置为 0 的对象厚度、对象在模拟空间中的高度（Z 轴坐标）和对象在 UCS 坐标系中的延伸方向。

【启动命令】

菜单栏：执行"工具"→"查询"→"列表"命令。

命令：LIST。

注意：当一个图形包含多个对象时，若要获得这个图形的数据信息，则可以通过执行 DVLIST 命令来实现。

【应用案例】

列表显示边长为 40mm 的正方形信息：执行"工具"→"查询"→"列表"命令，在绘图区单击该正方形，按 Enter 键，在弹出的"AutoCAD 文本窗口"窗口中显示相应信息，如图 7-6 所示。系统在弹出"AutoCAD 文本窗口"窗口时将暂停运行，按 Enter 键，可退出该窗口。

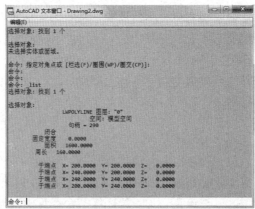

图 7-6　查询正方形列表信息

7.3.4　查询坐标值

在 AutoCAD 中通过执行点坐标命令，可以查询特定点的坐标，也可以通过指定坐标值将一个点可视化。

【启动命令】

菜单栏：执行"工具"→"查询"→"点坐标"命令。
命令：ID。

【应用案例】

执行点坐标命令查询正方形的起点坐标：在命令行中输入"ID"，按 Enter 键，在绘图区单击正方形的起点，显示如图 7-7 所示的信息。

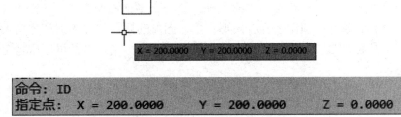

图 7-7　查询正方形的起点坐标

7.3.5　查询时间信息

在 AutoCAD 中通过执行时间命令，可以查看图形对象的创建日期和时间、最后一次更新的日期和时间、图形在编辑器中的累计时间。

【启动命令】

菜单栏：执行"工具"→"查询"→"时间"命令。
命令：TIME。

【应用案例】

通过执行时间命令查询正方形的时间信息：执行"工具"→"查询"→"时间"命令，弹出"AutoCAD 文本窗口"窗口，显示如图 7-8 所示的正方形时间信息。如果需要关闭该窗口，可直接单击"关闭"按钮。

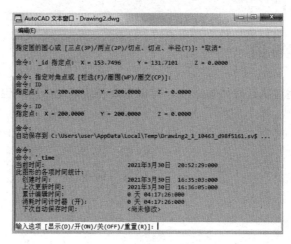

图 7-8　正方形时间信息

7.3.6　查询对象状态

状态是指与绘图环境及系统状态相关的各种信息。在 AutoCAD 中，任何图形对象都包含许多信息，如对象的数量、图形名称、图形界限、图形的插入点、捕捉和栅格设置、操作空间、当前空间、布局、图层、颜色、线型、材质、线宽、标高，以及可用磁盘空间、可用交换文件空间等。

【启动命令】

菜单栏：执行"工具"→"查询"→"状态"命令。
命令：STATUS。

【应用案例】

执行状态命令查询正方形对象状态：执行"工具"→"查询"→"状态"命令，弹出"AutoCAD 文本窗口"窗口，显示如图 7-9 所示的正方形状态信息。

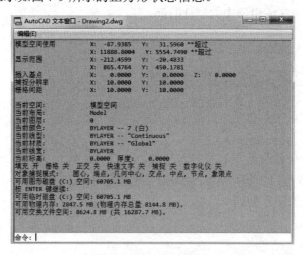

图 7-9　正方形状态信息

7.3.7 设置变量

通过执行设置变量命令可以观察和修改 AutoCAD 的系统变量。系统变量被存储在 AutoCAD 的配置文件或图形文件中。通常与绘图环境或编辑器相关的变量会存储在配置文件中，其他变量一部分存储在图形文件中，另一部分没有存储。如果变量存储在配置文件中，那么该变量的设置会在所有涉及该变量的文件中得到执行。如果变量存储在图形文件中，那么该变量的设置只会在当前图形文件中执行。常见变量有 AREA（用于记录最后一个面积）、SNAPMODE（用于记录捕捉的状态）等。

【启动命令】

菜单栏：执行"工具"→"查询"→"设置变量"命令。

命令：SETVAR。

7.4 图形输出及打印

图纸绘制完成后，进入制图的最后一个环节——出图。可以根据需要，输出图纸或打印图纸，正确的出图依赖正确的设置。

7.4.1 创建布局

图纸空间是指图纸布局环境，创建布局命令用于指定图纸大小、添加标题栏、显示模型的多个视图及创建图形标注和注释。

【启动命令】

菜单栏：执行"插入"→"布局"→"创建布局向导"命令。

命令：LAYOUTWIZARO。

【应用案例】

创建如图 7-10 所示的通信工程图纸布局。

（1）执行"插入"→"布局"→"创建布局向导"命令，打开"创建布局-开始"对话框，如图 7-11 所示，在"输入新布局的名称"框中输入新布局名称"通信工程"。

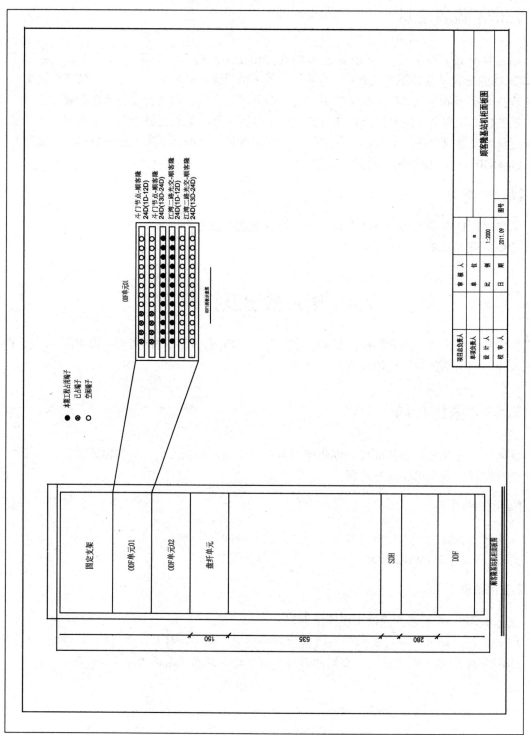

图 7-10 通信工程图纸布局

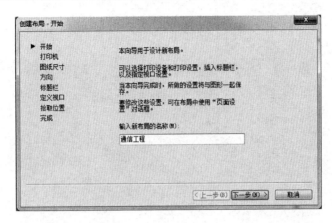

图 7-11 "创建布局–开始"对话框

（2）单击"下一步"按钮，进入"创建布局–打印机"对话框，如图 7-12 所示，为新布局选择配置的绘图仪，这里选择"DWG To PDF.pc3"选项。

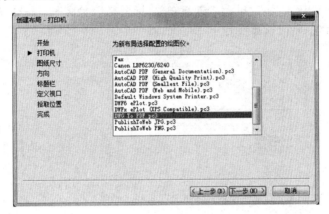

图 7-12 "创建布局–打印机"对话框

（3）单击"下一步"按钮，进入"创建布局–图纸尺寸"对话框，如图 7-13 所示，在图纸尺寸下拉列表中选择"ISO A3 (420.00×297.00 毫米)"选项，在"图形单位"选区中选择"毫米"单选按钮。

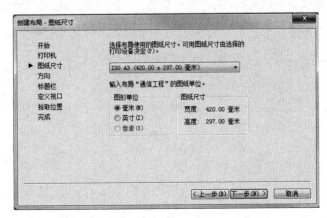

图 7-13 "创建布局–图纸尺寸"对话框

（4）单击"下一步"按钮，进入"创建布局-方向"对话框，如图 7-14 所示，选择"横向"单选按钮。

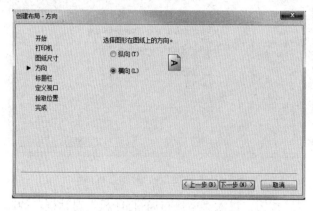

图 7-14 "创建布局-方向"对话框

（5）单击"下一步"按钮，进入"创建布局-标题栏"对话框，如图 7-15 所示，因为通信工程图纸有标题栏，所以这里选择"无"选项。

图 7-15 "创建布局-标题栏"对话框

（6）单击"下一步"按钮，进入"创建布局-定义视口"对话框，如图 7-16 所示，在"视口设置"选区中选择"单个"单选按钮，在"视口比例"下拉列表中选择"按图纸空间缩放"选项。

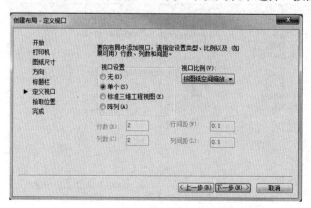

图 7-16 "创建布局-定义视口"对话框

　　（7）单击"下一步"按钮，进入"创建布局-拾取位置"对话框，如图 7-17 所示。单击"选择位置"按钮，在布局空间中指定图纸放置区域，如图 7-18 所示。指定图纸放置区域后，系统自动返回"创建布局-拾取位置"对话框。

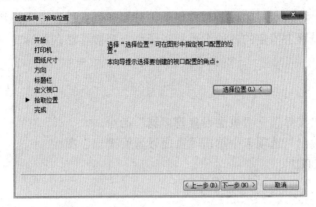

图 7-17　"创建布局-拾取位置"对话框

图 7-18　指定图纸放置区域

　　（8）单击"下一步"按钮，进入"创建布局-完成"对话框，如图 7-19 所示，单击"完成"按钮，完成新图纸布局的创建，系统自动返回布局空间，显示新创建的通信工程布局。

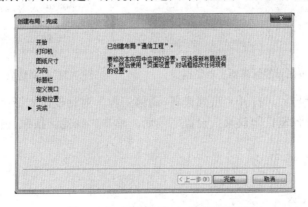

图 7-19　"创建布局-完成"对话框

7.4.2 页面设置

通过页面设置，可以对打印设备和其他输出外观和格式进行设置，并将这些设置应用到其他布局中。页面设置中指定的各种设置和布局将一起被存储在图形文件中，可以随时修改页面设置中的参数。

【启动命令】

菜单栏：执行"文件"→"页面设置管理器"命令。
工具栏：在"输出"选项卡中单击"页面设置管理器"图标。
命令：PAGESETUP。

【应用案例】

（1）执行"文件"→"页面设置管理器"命令，打开"页面设置管理器"对话框，如图 7-20 所示。在该对话框中可以完成新建布局、修改原有布局、输入存在的布局和将某一布局置为当前等操作。

（2）在"页面设置管理器"对话框中单击"新建"按钮，打开"新建页面设置"对话框，如图 7-21 所示。在"新页面设置名"框中输入新建页面的名称"通信工程-布局"，单击"确定"按钮。

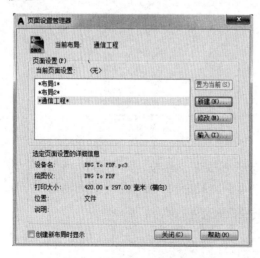

图 7-20 "页面设置管理器"对话框

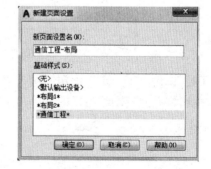

图 7-21 "新建页面设置"对话框

（3）完成上述操作后，打开"页面设置-通信工程"对话框，如图 7-22 所示，设置打印区域和打印设备，并预览打印效果。设置完毕后，单击"确定"按钮，打印相应图纸。

图 7-22 "页面设置-通信工程"对话框

7.4.3   模型空间输出图形

在工程文件交流中，PDF 格式的文件具有更好的兼容性。从模型空间中可以快速输出 PDF 文件。在"页面设置-通信工程"对话框中，设置图纸格式，选定打印区域，即可输出图形文件。

【启动命令】

菜单栏：执行"文件"→"打印"命令。

工具栏：在"输出"选项卡中单击"打印"图标，或者单击标准工具栏中的"打印"图标。

命令：PLOT。

【应用案例】

打开"通信工程.dwg"文件，从模型空间中输出"通信工程.pdf"文件，具体操作步骤如下。

（1）打开"通信工程.dwg"文件，系统默认处于模型空间，单击工具栏中的"打印"图标，打开"打印-模型"对话框，如图 7-23 所示。

（2）在"打印机/绘图仪"选区的"名称"下拉列表中选择"DWG To PDF.pc3"选项；在"图纸尺寸"下拉列表中选择"ISO A3 (420.00×297.00 毫米)"选项；在"打印范围"下拉列表中选择"窗口"选项，在绘图区选取需要输出的图形；在"打印比例"选区勾选"布满图纸"复选框；在"图形方向"选区选择"横向"单选按钮；其他参数保持默认设置。

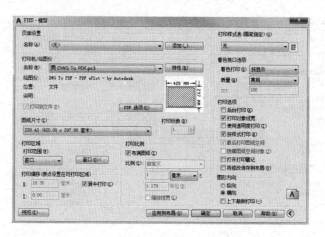

图 7-23　"打印-模型"对话框

（3）单击"预览"按钮，预览打印效果，如图 7-24 所示。

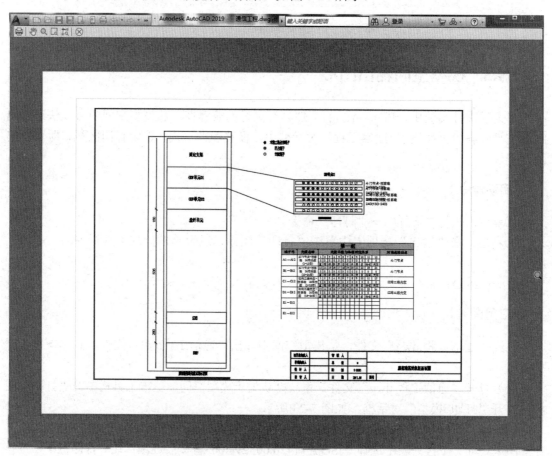

图 7-24　打印预览

（4）完成设置后，单击"确定"按钮，打开"浏览打印文件"对话框，如图 7-25 所示，单击"保存"按钮，将图纸保存到指定路径。

图 7-25　"浏览打印文件"对话框

7.4.4　图纸空间打印图形

从图纸空间打印图形时，要根据打印需要进行相关参数设置。

【启动命令】

菜单栏：执行"文件"→"打印"命令。

工具栏：在"输出"选项卡中单击"打印"图标，或者单击标准工具栏中的"打印"图标。

命令：PLOT。

【应用案例】

打开"通信工程.dwg"文件，从图纸空间打印工程图纸，具体操作步骤如下。

（1）打开"通信工程.dwg"文件，单击"布局 1"标签，切换到布局 1 空间。右击"布局 1"标签，在弹出的右键快捷菜单中执行"页面设置管理器"命令，如图 7-26 所示。

图 7-26　右键快捷菜单

（2）打开"页面设置管理器"对话框，如图 7-27 所示。单击"新建"按钮，打开"新建页面设置"对话框，如图 7-28 所示，在"新页面设置名"框中输入"通信工程-打印"。

（3）单击"确定"按钮，打开"页面设置-通信工程-打印"对话框，如图 7-29 所示，根据需要对相关参数进行设置。

（4）设置完成后，单击"确定"按钮，返回"页面设置管理器"对话框，如图 7-30 所示，在"页面设置"选区的列表框中选择"布局 1（通信工程-打印）"选项，单击"置为当前"按钮，将其设置为当前布局。

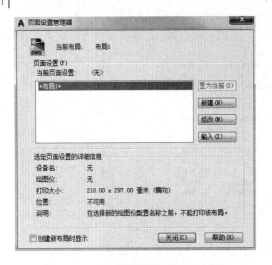

图 7-27 "页面设置管理器"对话框

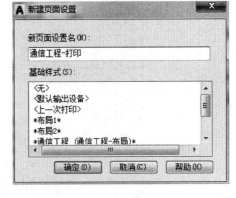

图 7-28 "新建页面设置"对话框

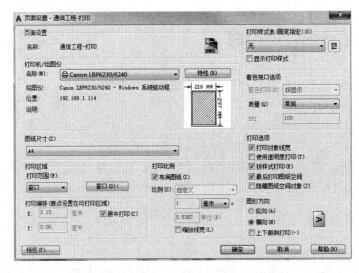

图 7-29 "页面设置–通信工程–打印"对话框

图 7-30 "页面设置管理器"对话框

（5）单击"关闭"按钮，单击"打印"按钮，打开"打印-布局 1"对话框，如图 7-31 所示。单击"预览"按钮，预览打印效果，如图 7-32 所示。

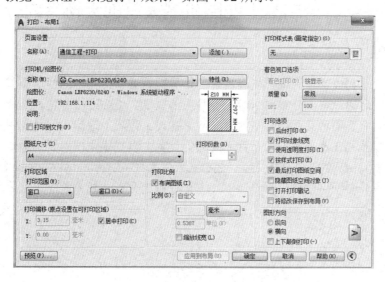

图 7-31　"打印-布局 1"对话框

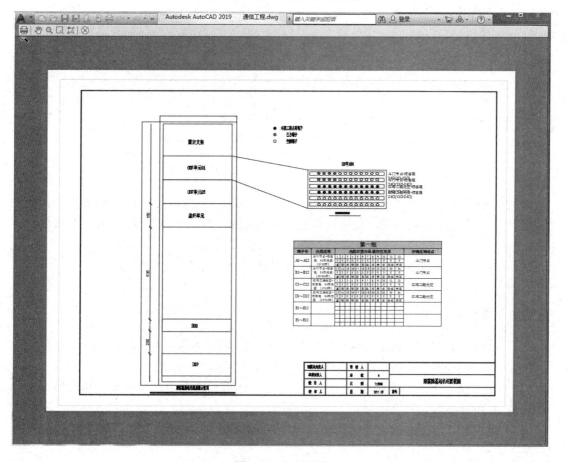

图 7-32　打印预览

7.5　训练任务：绘制某工业园机器人总部大楼室内分布系统图

【任务背景】

为了确保建筑物内部各区域都能有良好的信号覆盖并获得良好的通信质量，需要做好室内分布网络建设。建设室内分布网络对于提升通信质量、增强网络容量、支持多种通信技术及提升用户体验有重要意义。通常室内分布网络建设工程属于通信工程建设中的基础设施建设类别。它主要涉及在建筑物内部布置无线通信设备，以提供室内的无线通信覆盖。这种建设工程包括安装室内天线、信号放大器、分布式天线系统（Distributed Antenna System，DAS）等设备。在室内分布网络建设工程设计中，主要有室内分布布线系统图、室分路由图、设备安装图等。

【任务目标】

绘制某工业园机器人总部大楼室内分布系统图。

【任务要求】

绘制某工业园机器人总部大楼室内分布系统图。要求绘制室内光缆组网系统图（见图 7-33）和电梯安装图（见图 7-34）。

【任务分析】

观察并分析图纸，结合任务要求，把任务分成以下部分。

（1）某工业园机器人总部大楼室内光缆组网系统图：在 A3 图幅上绘制，工程主图位于图纸左边，上下布局，信号源从机房端起，经过弱电井，路由至每楼层扩展单元，为每个节点标注挂牌信息。

（2）电梯安装图：参考建筑选择适当比例，绘图从 PRRU 接口开始，终端是电梯内天线终端盒。路由的起始端、终端、使用成端号信息应详细，为每个端口和光缆编写挂牌信息，包括光缆段编码、光缆段名称、光缆段挂牌、天线编号信息。

（3）标注信息是设备标签制作的依据，应包括编号、名称、建设信息。

（4）完成图例的绘制。

【任务实施】

（1）打开"通信工程.dwt" A3 模板文件，把图纸放大 15 倍左右，以便进行 1∶1 绘图。

（2）通过执行直线绘图命令、偏移命令、修剪命令来绘制电梯。

（3）通过执行矩形绘图命令、直线绘图命令、矩阵绘图命令、分解命令来绘制参考建筑布局。

（4）绘制某工业园机器人总部大楼内光缆组网系统图（见图 7-33）和电梯安装图（见图 7-34）。

（5）使用"通信工程"文字样式为工程图添加说明。

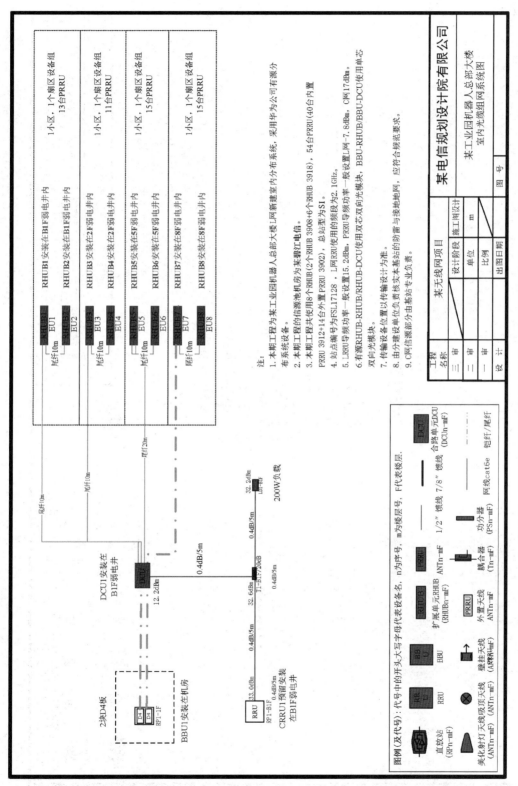

图 7-33　某工业园机器人总部大楼室内光缆组网系统图

注:

1. 本期工程为某工业园机器人总部大楼I网新建室内分布系统,采用华为公司有源分布系统设备。
2. 本期工程的信源池机房为某碧江电信。
3. 本期工程共使用8个RHUB(2个RHUB 3908+6个RHUB 3918),54台PRRU(40台内置PRRU 3912+14台外置PRRU 3902),总站型为SI。
4. 站点编号为FSLI7128,I网设置1网-7.8dBm,C网17dBm。
5. LRRU号频率为FSLI7128,L网设置I网-7.8dBm,C网17dBm。
6. LRRU号频功率一般设置I网,PRRU号频功率一般设置I网-7.8dBm,C网17dBm。
7. 传输设备位置以传输设计为准。
8. 由分建设单位负责改实本基站的防雷与接地网,应符合规范要求。
9. C网信源部分由基站专业负责。

某电信规划设计院有限公司

	某无线网项目		某工业园机器人总部大楼 室内光缆组网系统图	
	设计阶段	施工图设计		
	单位	m		
	比例			
	出图日期		图号	

工程名称			
三　审			
二　审			
一　审			
设　计			

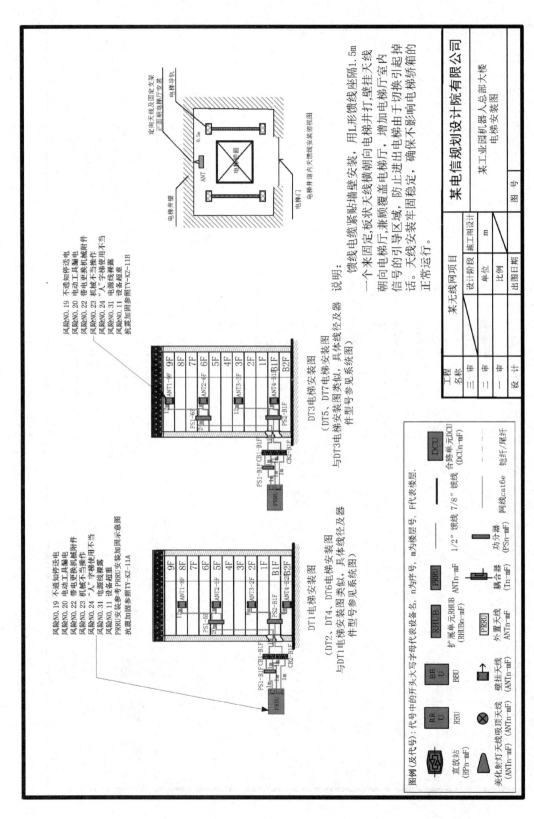

图 7-34　某工业园机器人总部大楼电梯安装图

【拓展练习】

（1）绘制大良小学 5G 网络有源室分项目的食堂一楼安装图，如图 7-35 所示。

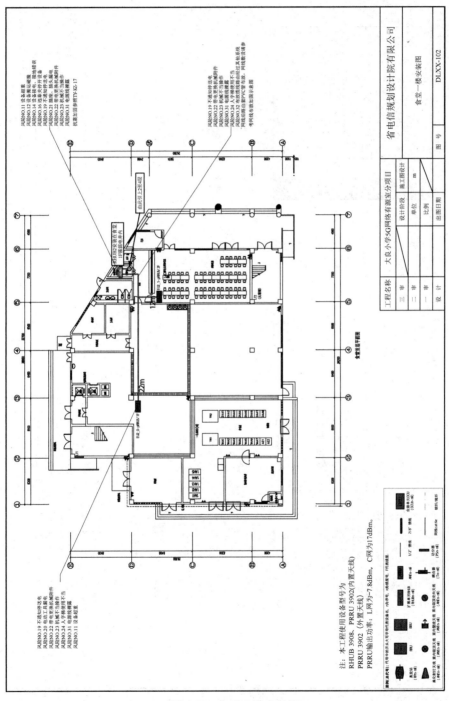

图 7-35　食堂一楼安装图

（2）绘制大良小学 5G 网络有源室分项目的食堂一楼设备安装图，如图 7-36 所示。

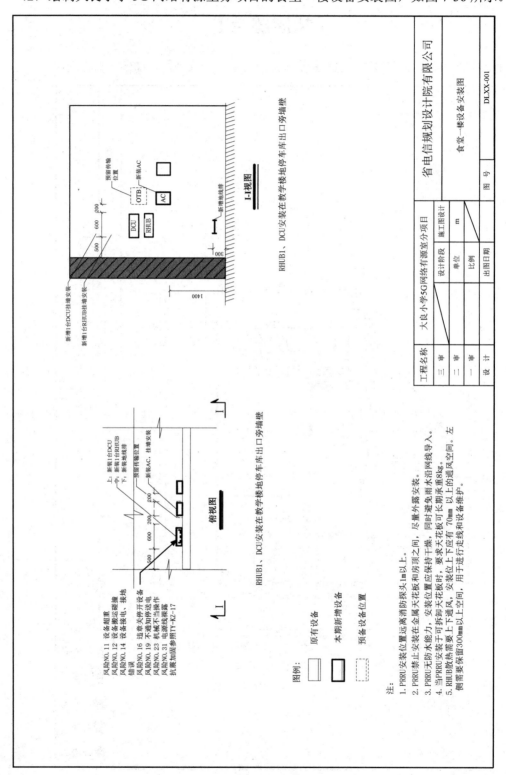

图 7-36　食堂一楼设备安装图

【拓展阅读】

这位特级技师"特"在哪？

从一名普通的电气试验人员，成长为安徽省首批特级技师，中能建建筑集团有限公司电气试验中心主任吴吉明跨过了无数"技术坎"，但他更注重的是跨过"思想坎"，"想干"比"怎么干"更重要。

30多年的电气试验生涯，让吴吉明印象最深刻的还是刚开始工作那半年在一线从事设备安装的工作经历。1989年，吴吉明从安庆电力建设技术学校电气专业毕业，被分配到中能建安徽电建一公司（中能建建筑集团有限公司前身）工作。公司当时承建了国内外多个火电、输变电、新能源电力项目。吴吉明负责的电气试验就是这些新设备投运前的最后一道关卡。

当时，吴吉明负责的一个项目电气试验进入尾工调试，刚投运的变压器就发生了故障，现场急需安装人员配合厂家处理，但现场一时找不到专业人员，吴吉明没有犹豫就自己顶上了。"电气试验和设备安装虽是两个不同岗位，但我想着能学一点就多学一点。"吴吉明就这样在几乎毫无准备的情况下开启了"跨界"生涯。让他没想到的是，这半年的安装工作经历，让他在此后的电气试验工作中受益无穷。

电气调试过程中，经常会出现接触不良、短路、跳闸等现象，这些现象基本上可以概括为制造、安装、设计等方面的问题。想要找到故障原因，不仅要求试验人员有着熟练高超的专业技术，还要对安装工序了然于胸。吴吉明说，半年的安装经历不仅让他对电气试验的理解更深刻，也让他养成了延展思考的习惯。

在后来的一次电厂机组168小时满负荷试运行中，转子大轴温度一直居高不下。若停机检修，意味着168小时满负荷试运行的节点计划失败；若放任不管，则会危害机组安全运行。两难情形下，吴吉明与团队分析出是由于转子碳刷加工不精密，安装质量存在问题，导致在设备运行过程中产生高温。他迅速研究出应对方案，最终顺利完成168小时满负荷运行测试。

24岁那一年，吴吉明在工作中出现了一次小失误。"缺乏理论知识支撑，技术难以实现突破。"吴吉明意识到，靠在现场积攒起来的零碎经验并不能完全解决遇到的问题，于是下定决心继续深造。此后，他先后在安徽电气工程职业技术学院、合肥工业大学"充电"学习。

随着生活、生产用电需求增加，吴吉明所在公司在合肥、六安等地承建了城网变电所改造项目。设备接入的耐压试验考核，按照传统方案需要在被检设备相邻侧停电后进行，准备工作较多、耗时较长。为了不影响居民和企业的正常生活生产，吴吉明带领团队历经1年时间，在保障正常供电设备安全、可靠运行的条件下完成了试验，填补了行业空白。

2014年，依托公司国家级技术中心，吴吉明有了自己的创新工作室，以电气调试技术提升为方向，打造产学研平台，开展技术攻关、外部技术合作等活动。

在创新工作室，借助视频教学、师徒交流、成员互动、技能比武等方式，年轻人的技能水平得到了提升。通过在工作室和年轻人交流，吴吉明对年轻一辈的择业观、就业观有了更深的了解。

"有些人喜欢搞技术，但又担心当工人被家人、朋友看低，不被尊重，还有的人担心工资待遇不够好。"每当这时，吴吉明就会用自己的经历鼓励大家。吴吉明经常提到的一个例子，在企业开业务讨论会时，管理层都要认真询问技术人员的意见，绝大多数时候都会以技术人员的建议为准。"这个时候，谁还敢说搞技术的人不被尊重？"

在吴吉明的带领下，很多年轻人纷纷成长为技术能手和岗位标兵，在公司各重点技术岗位和管理岗位上独当一面。

吴吉明说，这才是真正的尊重，"别人因你的职务身份而尊重你，可能是出于礼节与客气，但用实力赢得的尊重，才最真实，也最可贵"。

资料来源：《工人日报》

项目 8

计算机辅助设计技能鉴定

项目要求

【知识目标】
◆ 会绘制三视图。
◆ 会绘制剖视图。
◆ 会使用第三视角识读三视图。
◆ 了解计算机辅助设计技能鉴定考试内容。

【能力目标】
◆ 掌握三视图绘制方法。
◆ 能够根据三视图绘制剖视图。
◆ 会绘制工程零件图。

"通信工程制图"课程讲授内容为如何绘制通信工程设计图，适合从事通信工程项目建设的工程设计、工程施工等岗位人员学习。通信工程建设岗位要求从业人员具备相关知识和技能证书，计算机辅助设计绘图员证书与本课程内容有密切关联，证书符合岗位技能要求，本项目就计算机辅助设计绘图员技能等级鉴定内容展开学习。

8.1 计算机辅助设计技能鉴定说明

8.1.1 知识大纲

（1）掌握制图的基本知识。

（2）掌握投影知识，如正投影，轴测投影，投影的基本概念、基本规律，物体三个投影之间的关系。

（3）掌握机械制图的国家标准知识，如图幅（图框尺寸、图衔等）、比例、字体、图线、图样表达、尺寸标注等。

（4）掌握平面几何图形的作图方法和步骤。

（5）掌握二维图形绘制与编辑命令及图形显示控制命令的调用。

（6）掌握辅助绘图工具、图层管理的使用方法，以及标注、图案填充和注释命令的调用方法。

（7）掌握基本立体（平面立体、回转体）的投影特性及立体表面的截交线、相贯线的基本性质。

（8）掌握形体分析法、线面分析法，通过形体的几个投影构造其空间的三维形象，如已知形体的两个投影求第三个投影。

（9）掌握形体的视图（如三视图、剖视图、断面图和局部放大图等）的概念和作图方法。

（10）掌握工程图的表达方式，包括表达方法、表达内容，以及视图选择、尺寸标注、技术要求等。

（11）掌握将第三角投影视图转换为第一角投影视图的方法。

（12）掌握复杂图形、尺寸、复杂文本等的生成及编辑方法。

（13）掌握图形的输出及相关设备的使用方法。

（14）掌握文件管理和数据转换的方法。

8.1.2　技能要求

（1）具有通过给定形体的两个投影求其第三个投影的能力。

（2）具有基本图形的生成及编辑能力。

（3）具有绘制形体的剖视图、断面图的能力。

（4）具有复杂图形、尺寸、复杂文本等的生成及编辑能力。

（5）具有绘制工程图的能力。

（6）具有将第三角投影视图转换为第一角投影视图的能力。

（7）具有图形的输出及相关设备的使用能力。

8.1.3　考试内容

1. 文件操作

（1）调用已存在图形文件。

（2）将当前图形文件存储到指定目录下。

（3）用绘图机或打印机输出图形。

2. 绘图环境的设置

（1）根据工程制图国家标准，设置图形界限；设置图层、线型、颜色；设置字样与字体。

（2）根据工程制图国家标准，绘制图纸边框、图框、标题栏等。

3. 绘图工具

（1）设置单位制、栅格、正交等。
（2）数据的输入法，如绝对坐标输入法、相对坐标输入法、相对极坐标输入法。
（3）相对基点的确定方法（如查询点坐标命令）。
（4）目标点的跟踪、捕捉方法。

4. 绘制、编辑二维图形

（1）绘制与编辑点、线、圆、圆弧、矩形、多段线等基本图形元素。
（2）绘制与编辑字符、符号等图形元素。
（3）绘制平面几何图形。
（4）通过形体的两个投影求第三个投影。
（5）绘制与编辑复杂图形，如块的定义与插入、图案的填充、复杂文本的输入等。
（6）将形体的视图改画成全剖视图、半剖视图、局部剖视图。
（7）绘制零件图。
（8）将第三角投影视图转换为第一角投影视图。

5. 标注尺寸

（1）根据工程制图国家标准，设置工程图尺寸标注样式。
（2）标注长度型、角度型、直径型、半径型、旁注型、连续型、基线型尺寸。
（3）修改以上各种类型尺寸。
（4）标注尺寸公差。

8.1.4　考评要求

四级绘图员考评表如表 8-1 所示。

表 8-1　四级绘图员考评表

考评内容	技能要求	相关知识
二维绘图环境设置	新建绘图文件及设置绘图环境	国家标准的基本规定（图纸幅面和格式、比例、图线、字体、尺寸标注样式）； 绘图软件的基本概念和基本操作（坐标系和绘图单位的设置、绘图环境的设置、命令与数据的输入、图层的设置）
二维图形绘制与编辑	平面图形绘制与编辑技能； 平面几何图形中的定形尺寸与定位尺寸；直线与圆弧、圆弧与圆弧的连接	绘图命令； 图形编辑命令； 图形元素拾取； 图形显示控制命令； 图形对象捕捉； 辅助绘图工具、图层、块； 图案填充

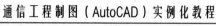

续表

考评内容	技能要求	相关知识
图形的文字和尺寸标注	图形的文字和尺寸标注技能	国家标准对文字和尺寸标注的基本规定； 组合体的尺寸标注； 绘图软件文字和尺寸标注的功能及命令
识读投影图	组合体三视图（含剖视图）	根据形体的两个投影画出第三个投影［含剖视图（全剖视图、半剖视图、局部剖视图等）］
零件图绘制	零件图绘制技能	零件视图的选择； 文字和尺寸的标注； 表面结构代号、尺寸公差的标注； 标准件和常用件的画法
第一角投影与第三角投影	将第三角投影转换为第一角投影	第一角投影与第三角投影
图形文件管理	图形文件管理和数据转换技能	图形文件操作命令； 图形文件格式及格式转换

8.1.5　CAD 绘图员四级技能鉴定考试模拟题

一、基本设置

打开图形文件"A1.dwg"，在其中完成下列工作。

1. 按以下规定设置图层及线型，并设定线型比例；绘图时不考虑图线宽度。

图层名称	颜色（颜色号）	线型	线宽/mm
01	白（7）	实线 Continuous（粗实线）	0.25
02	绿（3）	实线 Continuous（细实线）	0.5
04	黄（2）	虚线 ACAD_ISO02W100（细虚线）	0.25
05	红（1）	点画线 ACAD_ISO04W100（细点画线）	0.25
07	洋红（6）	双点画线 ACAD_ISO05W100（细双点画线）	0.25
08	绿（3）	实线 Continuous（尺寸标注、公差标注、指引线、表面结构代号）	0.25
09	绿（3）	实线 Continuous（装配图序列号）	0.25
10	绿（3）	实线 Continuous（剖面符号）	0.25
11	绿（3）	实线 Continuous（细实线文本）	0.25

2. 按 1:1 比例设置 A3 图幅（横装）一张，留装订边，画出图框线（图纸边界线已画出）。

3. 按国家标准规定设置相关文字样式（样式名为"工程样式"，包含 gbenor.shx 字体和 gbcbig.shx 字体），画出并填写如图 8-1 所示的标题栏，不标注尺寸。

16	（图样名称）		（材料标识）	
考生姓名			题号	CAD1
准考证号码			比例	1：1

| 30 | 60 | 25 | 25 |

图 8-1　标题栏

4．完成以上各项后，以原文件名保存文件。

二、按 1：1 比例作图（见图 8-2），不标注尺寸

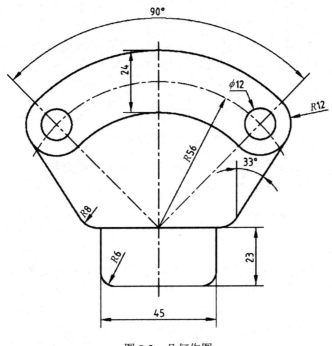

图 8-2　几何作图

在绘图前先打开图形文件"A2.dwg"，该文件已做了必要设置，可直接作图，作图结果以原文件名保存。

三、根据已知的两个投影（见图 8-3）绘出第三个投影

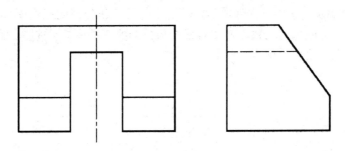

图 8-3　主视图和左视图

在绘图前先打开图形文件"A3.dwg"，该文件已做了必要设置，可直接作图，作图结果以原文件名保存。

四、把如图 8-4 所示的立体的主视图画成全剖视图，把左视图画成半剖视图

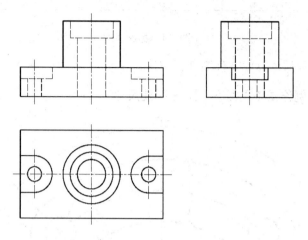

图 8-4　轴支架三视图

在绘图前先打开图形文件"A4.dwg"，该文件已做了必要设置，可直接作图，左视图的右半部分取剖视。作图结果以原文件名保存。

五、画零件图，如图 8-5 所示

具体要求如下。

1．画三视图。绘图前先打开图形文件 A5.dwg，该文件已做了必要的设置，可直接作图。

2．按国家标准有关规定，设置零件图尺寸标注样式（样式名为"零件"）。

3．标注主视图的尺寸与表面结构代号（表面结构代号要使用带属性的块的方法标注，块名为"Ra"，属性标签为"Ra"，提示为"Ra"）。

4．不画图框及标题栏，不用标注标题栏附近的表面结构代号及"未注圆角…"等字样。

5．作图结果以原文件名保存。

六、将第三角投影视图改为第一角投影视图

具体要求如下。

1．打开"A6.dwg"文件，文件中已提供了立体第三角投影的三视图，如图 8-6 所示。

2．将立体第三角投影的三视图转换为第一角投影的三视图（主视图、俯视图、左视图）。

3．作图结果以原文件名保存。

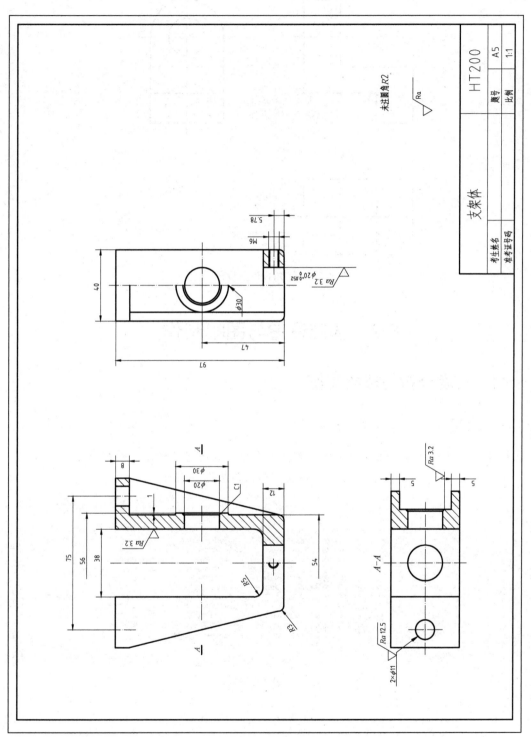

图 8-5　支架体零件图

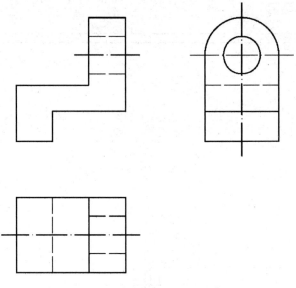

图 8-6 第三角投影三视图

8.2 基础设置与图幅制作

8.2.1 样题分析与技能准备

1. 样题答案

根据"一、基本设置"部分第 1 题设置图层管理，如图 8-7 所示；根据第 2 题制作 A3 图幅，答案如图 8-8 所示；根据第 3 题设置文字样式，如图 8-9 所示。

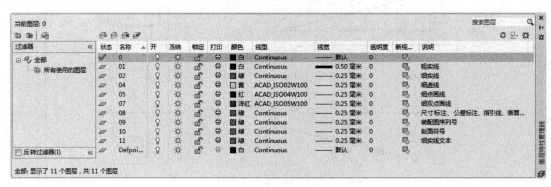

图 8-7 设置图层管理

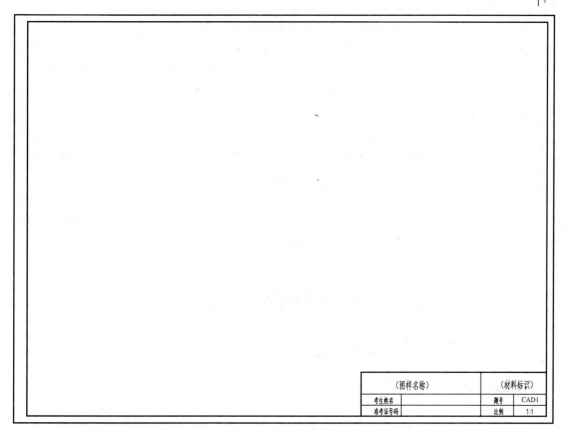

图 8-8　A3 图幅制作

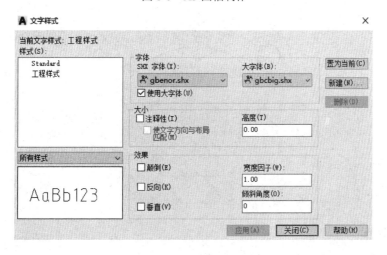

图 8-9　设置文字样式

2．考点分析

本题重点考查的是考生对制图标准中的图纸规格要求和绘图软件的基本设计能力的掌握。要求考生根据制图标准，应用绘图软件进行绘图基本设置，包括对图幅、图层、线型、颜色等属性的设置，应用绘图与编辑命令绘制图框、标题栏、设置字样等。

本题涉及的工程制图的主要知识点有设置图纸幅面和格式、图框格式、标题栏的格式和尺寸等；涉及的与 CAD 相关的主要知识点有设置图层管理，创建文字样式，输入与修改文字，通过执行直线、矩形、偏移、修剪、相对坐标、对象捕捉等命令绘制图纸图幅。

8.2.2　注意事项

（1）在作答该类型题时，要求考生严格根据要求设计图层，注意图层对应的线型颜色，粗实线要绘制在"01"图层上，细实线要绘制在"02"图层上，文字要写在"11"图层上。不要混淆使用不同图层。

（2）严格按照题目给定的图框和标题栏尺寸绘制图形，考生需要熟练掌握绝对坐标输入法、相对坐标输入法、极坐标输入法，熟练掌握目标点的捕捉和追踪方法。

8.3　绘制基础平面图

8.3.1　样题分析与技能准备

1. 样题答案

样卷中"二、按 1∶1 比例作图（见图 8-2），不标注尺寸"的答案如图 8-10 所示。

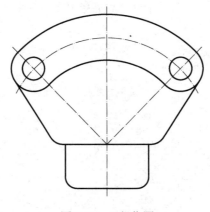

图 8-10　几何作图

2. 考点分析

本题考查考生对圆弧连接的已知线段、中间线段的认识，要求考生熟练运用绘图软件中的目标捕捉、追踪等工具，准确定位圆弧与圆弧、圆弧与直线的切点，使用绘图软件绘制由线段与圆弧组成的几何图形。

本题涉及的工程制图的主要知识点为圆弧连接相关内容；涉及的与 CAD 相关的主要知识点有圆、圆弧、圆角、倒角、镜像、修剪、对象捕捉等命令的综合调用。

8.3.2　注意事项

（1）在作答该类型题时，图形中的粗实线应绘制在"01"图层，中心线应绘制在"05"图层。不要混淆使用图层。

（2）对于直线与圆弧、圆弧与圆弧连接中的切点，应运用目标捕捉方式获取，不应以目测方式确定。

8.4　绘制三视图

8.4.1　样题分析与技能准备

1. 样题答案

样卷中"三、根据已知的两个投影（见图 8-3）绘出第三个投影"的答案如图 8-11 所示。

2. 作图步骤

根据要求打开图形文件"A3.dwg"，该文件已经做了必要设置，直接在对应图层绘制图形。分析已知视图可知，需要绘制俯视图，严格按照"长对正、高齐平、宽相等"规律绘出第三投影图。详细作图步骤如下。

（1）把左视图复制旋转到主视图右下方。为了易于获得"长对正、宽相等"条件，在命令行中输入"ro"，按 Enter 键；在绘图区单击左视图；在命令行中输入"c"，按 Enter 键；在命令行中输入"-90"，使左视图沿着主视图的 O 点顺时针旋转 90°，得到如图 8-12 所示的图形。

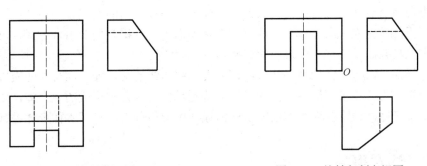

图 8-11　绘制俯视图　　　　　　图 8-12　旋转复制左视图

（2）绘制辅助线和中心线。基于直线、中心线，使用对象捕捉、追踪功能，根据旋转后的左视图绘制出俯视图的辅助线和中心线 1、2、3，如图 8-13 所示。

（3）绘制俯视图轮廓线。根据旋转后的左视图和辅助线，延长编号为 4、5、6、7 的轮廓线，并绘制直线 8，如图 8-14 所示。

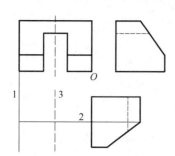

图 8-13　俯视图辅助线和中心线

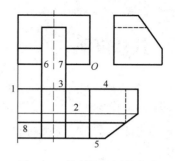

图 8-14　绘制俯视图轮廓线

（4）修剪多余线段。修剪多余线段并修改线段图层，把编号为 1、2 的线段绘制在"01"图层上，如图 8-15 所示。

（5）完善俯视图。运用形体分析法和线面分析法，修改编号为 6、7、2、8 的线段，不可见轮廓绘制在"04"图层，删除旋转复制的左视图，如图 8-16 所示 。

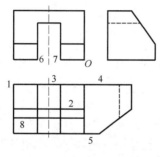

图 8-15　修剪多余线段

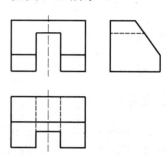

图 8-16　完善俯视图

3. 考点分析

本题考查考生识读投影图的能力，要求考生能运用形体分析法、线面分析法，通过形体的两个投影正确地想象形体的三维形状，并求出形体的第三个投影图，涉及的主要知识点有基本体与组合体的概念、组合体的构成方式、读组合体投影图的方法、画组合体投影图。

形体分析法假设先把组合体分解成若干个基本形体，分析它们的组合方式，再把分解的各基本体看成相互联系的整体，进行综合整理。

线面分析法是对基本体的每条线段、每个面、线与线的交接处、面与面的交接处进行多角度对比分析，进一步了解形体局部的细节。特别是由切割方式形成的组合体，更需要使用线面分析法来读图。通常在使用线面分析法前先使用形体分析法对基本体形体进行分析。

8.4.2　注意事项

（1）在读图过程中，应当以形体分析为主，线面分析为辅，对于通过切割方式形成的组合体，两种方法配合、灵活运用更有利于读图。

（2）"长对正、高齐平、宽相等"是画组合体三视图的基本要求，一定要严格遵循。

（3）注意虚线（不可见轮廓线）部分，要根据图层线型要求，将其放置到规定的图层（如"04"图层）。

（4）作图完毕后要认真检查，防止多线、漏线，以保证图形正确和清晰。

8.5　绘　制　剖　视　图

8.5.1　样题分析与技能准备

1. 样题答案

样卷中"四、把如图 8-4 所示的立体的主视图画成全剖视图，把左视图画成半剖视图"的答案如图 8-17 所示。

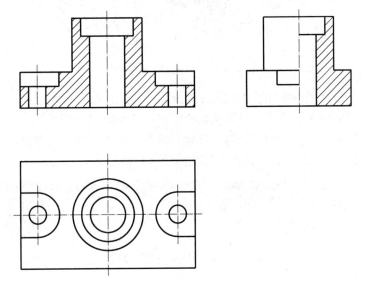

图 8-17　把主视图画成全剖视图、把左视图画成半剖视图

2. 考点分析

本题涉及的内容是零部件表达方法，考查考生对三视图、剖视图概念的理解和掌握，要求考生熟练掌握全剖视图、半剖视图、局部剖视图的画法，以及调用图案填充命令绘制剖面线的操作。主要包括以下几个知识点：剖视图的概念、全剖视图的画法、半剖视图的画法、局部剖视图的画法、绘图软件中的图案填充操作。

3. 剖视图

假想沿剖切面剖开零件，将处在观察者和切剖面之间的部分移去，将余下部分向投影面作投射，得到的图形叫作剖视图，它着重表达形体的内部结构，如零件中的孔、洞、槽等，如图 8-18 所示。

在剖得的零件实体部分的平面上填充细实线（剖面符号）。剖面符号因零件所用材料类别的不同而有所不同。金属材料的剖面符号一般与水平面呈 45°角，当图形中的主要轮廓线与水平面呈 45°角时，剖面符号应画成与水平面呈 30°或 60°角的平行线。

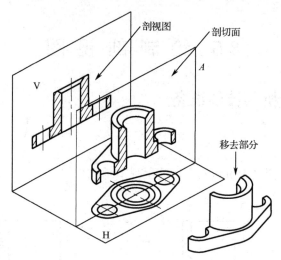

图 8-18 用剖切面剖开的零件

剖面符号可以通过调用绘图软件的图案填充命令绘制。执行图案填充命令，打开"图案填充创建"选项卡，如图 8-19 所示，设置填充的图案及其参数，在"图案"面板中选择"ANSI31"选项，在"特性"面板中将"图案类型"设置为图案，将"角度"设置为 0，将"比例"设置为 1。单击"拾取点"按钮，在绘图区选定封闭区域进行填充。

图 8-19 "图案填充创建"选项卡

4. 全剖视图

当零件外形比较简单，而内部结构比较复杂，同时不关于剖切面对称时，用剖切面完全剖开零件后得到的剖视图称为全剖视图。主视图全剖视图如图 8-20 所示。

用剖切符号和字母在剖切位置标注，如图 8-21 所示，箭头指示的是保留部分，如图 8-21所示，并在主视图上方注明相应剖视图的名称，如"A-A"。

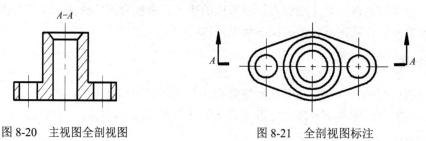

图 8-20 主视图全剖视图　　　　　　图 8-21 全剖视图标注

5. 半剖视图

当零件具有对称平面时，向垂直于对称平面的投影面进行投射，得到的图形以对称中心线为界，一半画成剖视图，另一半画成视图，这样的表达方式称为半剖视图。零件的半剖视图如图 8-22 所示。半剖视图在表达零件的内部结构的同时可以表达零件的外部形状。

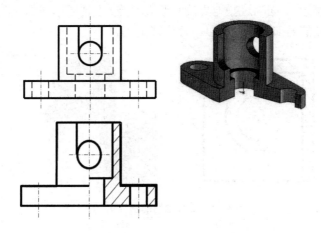

图 8-22 零件的半剖视图

对于主视图，一般将其左半部分画成视图形式，将右半部分画成剖视图形式；对于左视图，一般将其左半部分画成视图形式，将右半部分画成剖视图形式；对于俯视图，一般将其上半部分画成视图形式，将下半部分画成剖视图形式。

画半剖视图时应注意以下两点。

（1）剖视图与视图的分界为细点画线，不可画成粗实线。

（2）在半剖视图中，内部形状已表达清楚的，不再画虚线。

6. 局部剖视图

用剖切面局部地剖开零件，得到的剖视图叫作局部剖视图。局部剖视图通常应用于某些不对称的零件，既需要表达其内部形状，又需要保留其局部外形的情况下。零件的局部剖视图如图 8-23 所示。

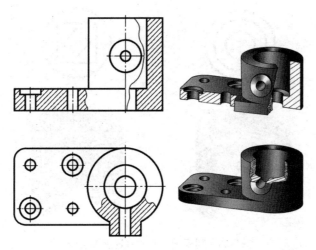

图 8-23 零件的局部剖视图

画局部剖视图时应注意以下两点。

（1）局部剖视图与视图应用波浪线分界。波浪线不可与图形轮廓线重合。波浪线不应画在通孔、通槽内或轮廓线外，因为这些地方没有断裂痕迹。主视图局部剖视图如图 8-24 所示。

（2）剖切位置明显的局部剖视图可以不标注波浪线。

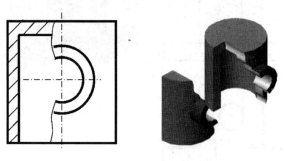

图 8-24　主视图局部剖视图

8.5.2　注意事项

（1）在一般情况下剖切面应通过零件的对称面或轴线。

（2）由于剖切是假想的，所以一个视图在取剖视图后，其他未取剖视图的视图应完整画出。

（3）仔细分析被剖切的孔、洞、槽的结构形状，以免错漏。在画剖视图时不要漏线或多线。剖视图中两种容易遗漏的线如图 8-25 所示。

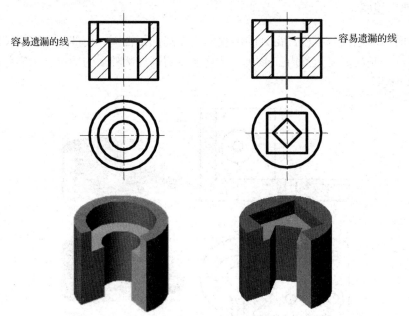

图 8-25　剖视图中两种容易遗漏的线

8.6　画　零　件　图

8.6.1　样题分析与技能准备

1. 样题答案

根据"五、画零件图，如图 8-5 所示"的要求画三视图并标注主视图的尺寸与表面结构代号，答案如图 8-26 所示。

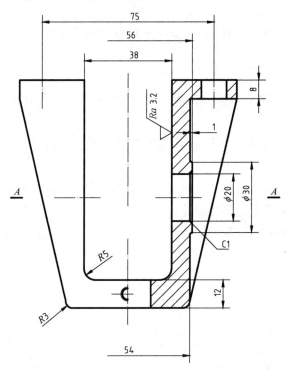
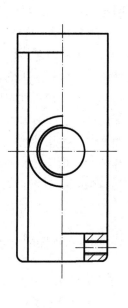
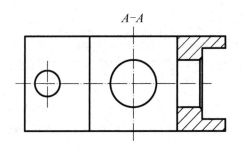

图 8-26　绘制零件图答案

2. 考点分析

本题重点考查考生对零件图的认识，包括零件图的视图表达方法、尺寸标注方法、技术要求等。主要包含以下几个知识点：零件图的内容、零件图的视图选择与绘制方法、零件某些工艺结构（如螺纹等）的画法、零件图的尺寸标注及尺寸公差、表面结构和技术要求，以及在绘图软件中设置尺寸样式、尺寸标注、公差标注、创建带属性的块并插入块等操作。

3. 零件图

零件图是表达单个零件的结构、大小及技术要求的图样，是生产过程中加工及检验零件的重要技术文件。

零件图的内容包括以下几部分。

（1）一组图形。一组用必要的三视图、剖视图、断面图组成的视图，将零件各部分的内、外结构和形状，正确、完整、清晰地表达出来。

（2）一组尺寸。用一组尺寸正确、完整、清晰、合理地标注零件制造、检验时需要的全部尺寸。

（3）技术要求。用规定的代号、数字、字母或文字，说明零件在制造、检验或使用时的各项技术指标，如表面结构、尺寸公差、几何公差、热处理等。

（4）标题栏。一般应写明零件名称、图样代号、材料、质量、比例，以及设计人、审核人的责任签名和签名时间等。

4. 零件图的尺寸标注

要正确地标注尺寸，须先建立尺寸标注样式。尺寸标注样式包括总体样式和子样式，总体样式适用各类尺寸的共同部分，子样式是针对某一特定尺寸类型（如角度尺寸、引线尺寸等）设置的。应先设置总体样式，再设置子样式。

不同行业图纸的尺寸标注形式和要求不同。下面根据 GB/T 4458.4—2003 和本题考核内容，设置总体样式和子样式。

（1）设置总体样式。

执行"格式"→"标注样式"命令，打开"标注样式管理器"对话框，如图 8-27 所示，单击"新建"按钮，打开"创建新标注样式"对话框，在"新样式名"框中输入"零件"，如图 8-28 所示。

单击"继续"按钮，打开"新建标注样式：零件"对话框，在"线"选项卡、"符号和箭头"选项卡、"文字"选项卡、"调整"选项卡、"主单位"选项卡中设置具体参数，如图 8-29～8-33 所示。

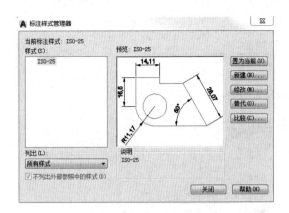

图 8-27　"标注样式管理器"对话框（一）

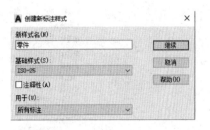

图 8-28　"创建新标注样式"对话框（一）

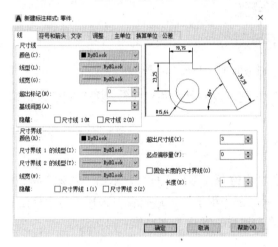

图 8-29　"新建标注样式：零件"
对话框（"线"选项卡）

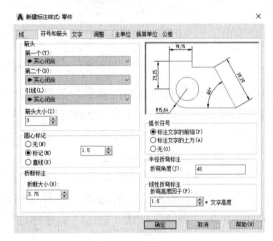

图 8-30　"新建标注样式：零件"对话框
（"符号和箭头"选项卡）

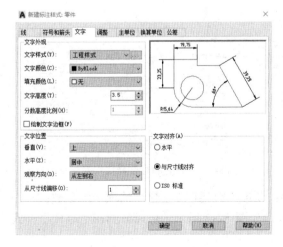

图 8-31　"新建标注样式：零件"对话框
（"文字"选项卡）

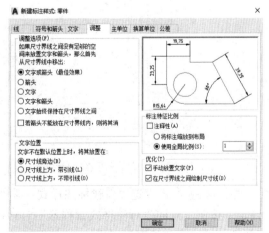

图 8-32　"新建标注样式：零件"对话框
（"调整"选项卡）

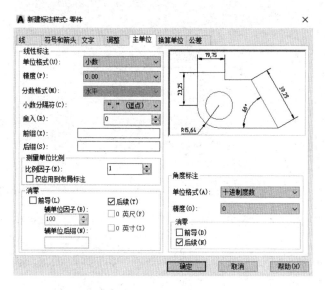

图 8-33 "新建标注样式：零件"对话框（"主单位"选项卡）

设置完以上选项卡的内容后，单击"确定"按钮，返回"标注样式管理器"对话框，可以看到新增的"零件"样式，如图 8-34 所示。

（2）设置机械标注的子样式。

① 设置角度标注子样式。

在"标注样式管理器"对话框"样式"列表框中选择"零件"样式，单击"新建"按钮，打开"创建新标注样式"对话框，如图 8-35 所示，在"用于"下拉列表中选择"角度标注"选项。单击"继续"按钮，进入"新建标注样式：零件：角度"对话框。

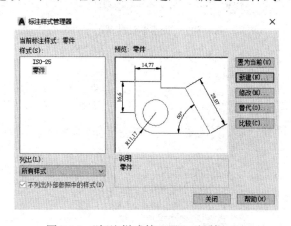

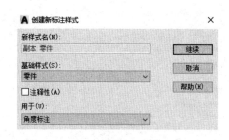

图 8-34 "标注样式管理器"对话框（二）　　图 8-35 "创建新标注样式"对话框（二）

按图 8-36 所示设置"新建标注样式：零件：角度"对话框"文字"选项卡的参数。单击"确定"按钮，返回"标注样式管理器"对话框，如图 8-37 所示，可以看到在"零件"样式下新增加了一个"角度"子样式。

② 设置直径标注子样式。

设置直径标注子样式的步骤与设置角度标注子样式的步骤类似，不同的是在"创建新标注样式"对话框"用于"下拉列表中选择的是"直径标注"选项，单击"继续"按钮，打开

"新建标注样式：零件：直径"对话框，分别按图 8-38、图 8-39 所示设置"文字"选项卡、"调整"选项卡中的参数。

图 8-36 "新建标注样式：零件：角度"对话框（"文字"选项卡）

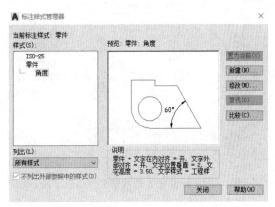

图 8-37 "标注样式管理器"对话框（三）

图 8-38 "新建标注样式：零件：直径"对话框（"文字"选项卡）

图 8-39 "新建标注样式：零件：直径"对话框（"调整"选项卡）

完成设置后，单击"确定"按钮，返回"标注样式管理器"对话框，如图 8-40 所示，可以看到"零件"样式下方新增了"直径"子样式。

③ 设置半径标注子样式。

设置半径标注子样式步骤与设置角度标注子样式的步骤类似，不同的是在"创建新标注样式"对话框"用于"下拉列表中选择的是"半径标注"选项，单击"继续"按钮，打开"新建标注样式：零件：半径"对话框，分别按图 8-41～图 8-43 所示设置"符号和箭头"选项卡、"文字"选项卡、"调整"选项卡中的参数。完成设置后，单击"确定"按钮，返回"标注样式管理器"对话框，如图 8-44 所示。

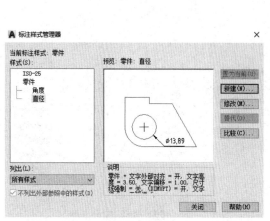

图 8-40 "标注样式管理器"对话框（四）

图 8-41 "新建标注样式：零件：半径"对话框
（"符号和箭头"选项卡）

图 8-42 "新建标注样式：零件：半径"对话框
（"文字"选项卡）

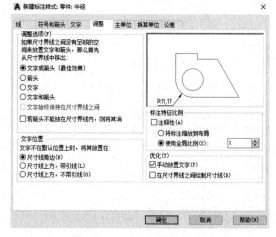

图 8-43 "新建标注样式：零件：半径"对话框
（"调整"选项卡）

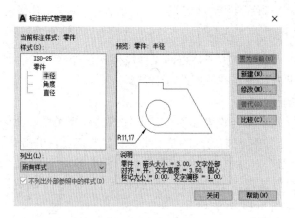

图 8-44 "标注样式管理器"对话框（五）

引线型尺寸标注需要创建引线样式。打开"多重引线样式管理器"对话框，如图 8-45 所示，单击"新建"按钮，打开"创建新多重引线样式"对话框，如图 8-46 所示。

 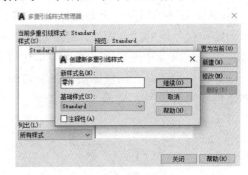

图 8-45　"多重引线样式管理器"对话框（一）　　　图 8-46　"创建新多重引线样式"对话框

在"新样式名"框中输入"零件"，单击"继续"按钮，打开"修改多重引线样式：零件"对话框，分别按图 8-47、图 8-48 所示设置"引线格式"选项卡、"内容"选项卡中的参数。完成设置后，单击"确定"按钮，返回"多重引线样式管理器"对话框，如图 8-49 所示，可以看到"零件"样式。

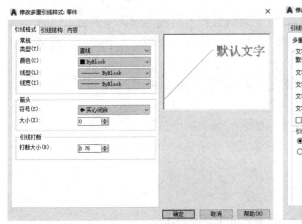 

图 8-47　"修改多重引线样式：零件"对话框　　　图 8-48　"修改多重引线样式：零件"对话框
　　　　　（"引线格式"选项卡）　　　　　　　　　　　　　（"内容"选项卡）

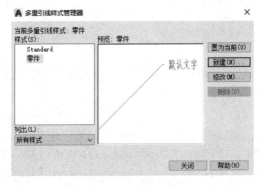

图 8-49　"多重引线样式管理器"对话框（二）

按照考试题目要求，应将表面结构代号及其等级数字一起定义成带属性的块，设定块名为"Ra"，属性标签为"Ra"，提示为"Ra"。表面结构代号的尺寸是根据数字和字母高度确定的，CAD 考试采用的字母高度为 3.5。考试要求标注"Ra"参数代号和相应数值，为了便于表面结构代号块的插入操作，把参数代号和表面结构代号一起定义成带属性的表面结构代号块。表面结构代号各部分尺寸如图 8-50 所示。

注意：必须建立带属性的块。表面结构代号必须与轮廓线接触，不能插入或分离。插入表面结构代号块如图 8-51 所示。

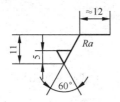

图 8-50　表面结构代号各部分尺寸

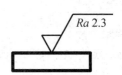

图 8-51　插入表面结构代号块

8.6.2　注意事项

（1）在绘制零件图时应按照题目要求，先将表面结构代号构造为带属性的块，再进行插入，如果未按要求构造表面结构代号块，只是简单地用直线绘图命令绘制表面结构代号，那么自动评价系统将判定此处为错误。

（2）注意图形中的粗实线、细实线、点画线、双点画线、虚线等应绘制在相应的图层上，不要混淆。

（3）根据要求设置尺寸标注样式，通过尺寸标注的有关命令标注尺寸，不得分解拆开，以保持所有标注尺寸是一个完整的图形元素。图案填充也应是一个完整的图形元素，不得分解拆开。

8.7　第三角投影视图画法

8.7.1　样题分析与技能准备

1. 样题答案

样卷中"六、将第三角投影视图改为第一角投影视图"的答案如图 8-52 所示。

2. 考点分析

本题考查的内容是第三角投影视图与第一角投影视图的转换，要求考生理解制图标准中第三角投影的基本概念，正确区分第三角投影视图画法与第一角投影视图画法，熟悉第三角投影视图的基本配置，并能熟练将第三角投影视图转换为第一角投影视图。

3. 第一角投影与第三角投影概念

国际上使用的投影制有两种，第一种是第一角投影，又称第一角画法；第二种是第三角投影，又称第三角画法。中国、英国、德国、俄罗斯等采用的是第一角投影，美国、日本、新加坡等采用的是第三角投影，若要进行国际技术交流，则有必要掌握第三角投影。

在三投影面体系中，相互垂直相交的投影面把空间划分为 8 个分角，如图 8-53 所示。若将物体放在 I 内进行投射，得到的投影图称为第一角投影图；若将物体放在 Ⅲ 内进行投射，得到的投影称为第三角投影。

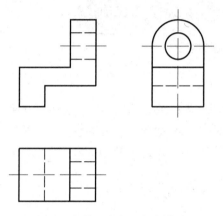

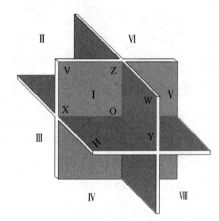

图 8-52　第三角投影视图答案　　　　　图 8-53　三投影面划分空间

在第一角投影中，物体的视图是将物体放置在观察者与投影面之间得到的投影，在 V 面上形成的投影为主视图，在 W 面上形成的投影为左视图，在 H 面上形成的投影为俯视图，如图 8-54 所示。这种获得视图的方法叫作投影法。物体处于观察者与投影面之间，形成了人→物→面的对应关系。

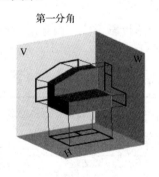

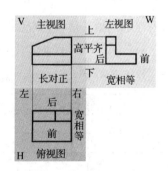

图 8-54　第一角投影视图

在第三角投影中，物体的视图是将物体放置于投影面与观察者之后得到的投影，在 V 面上形成的投影为前视图，在 W 面上形成的投影为右视图，H 面上形成的投影为顶视图，如图 8-55 所示。这样获得视图的方法叫镜面法。投影面处于观察者与投影面之间，形成了人→面→物的对应关系。

在第三角投影所得视图中，前视图和顶视图均显示物体的长度，前视图和右视图均显示物体的高度，右视图和顶视图均显示物体的宽度，因此三视图的尺寸存在前视图和顶视图长对正、前视图和右视图高平齐、顶视图和右视图宽相等的关系。

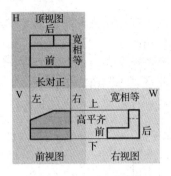

图 8-55　第三角投影视图

4. 第一角投影视图与第三角投影视图

第一角投影视图画法和第三角投影视图画法不同，各视图名称也不同，视图的排列方式也不同。第一角投影各投影面展开方法为 H 面向下翻转、W 面向右后方翻转；第三角投影各投影面展开方法为 H 面向上翻转、W 面向右前方翻转。第一角投影视图、第三角投影视图展开及视图名称如图 8-56 所示。

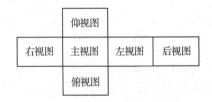

（a）第一角投影视图展开及视图名称　　　　　（b）第三角投影视图展开及视图名称

图 8-56　第一角投影视图、第三角投影视图展开及视图名称

本题考查的内容是把第三角投影视图转换为第一角投影视图，由第三角投影视图和第一角投影视图对应关系可以得出如表 8-2 所示的转换方法。

表 8-2　第三角投影视图转换为第一角投影视图的转换方法

第三角投影	转换方法	第一角投影
前视图	不变	主视图
右视图	移到 V 面投影左方	右视图
顶视图	移到 V 面投影下方	俯视图
左视图	移到 V 面投影右方	左视图
底视图	移到 V 面投影上方	仰视图
后视图	不变	后视图

8.7.2　注意事项

（1）第三角投影视图和第一角投影视图同样保持"长对正、高平齐、宽相等"的投影规律。

（2）第三角右视图转换为第一角左视图，视图位置不变，右边的镜像视图改为左边的投影视图；可见轮廓用实线绘制，不可见轮廓用虚线绘制。

【拓展练习】

CAD 绘图员四级技能鉴定考试模拟试题

一、基本设置（10 分）

打开图形文件"A1.dwg"，在其中完成下列工作。

1. 按以下规定设置图层及线型，并设定线型比例；绘图时取用 0.5mm 线宽组。

图 层 名 称	颜色（颜色号）	线型（描述）	线　宽
01	白（7）	实线 Continuous（粗实线）	0.5mm
02	绿（3）	实线 Continuous（细实线）	0.25mm
04	黄（2）	虚线 ACAD_ISO02W100（细虚线）	0.25mm
05	红（1）	点画线 ACAD_ISO04W100（细点画线）	0.25mm
07	粉红（6）	双点画线 ACAD_ISO05W100（细双点画线）	0.25mm
08	绿（3）	实线 Continuous（尺寸标注、公差标注、指引线、表面结构代号）	0.25mm
09	绿（3）	实线 Continuous（装配图序列号）	0.25mm
10	绿（3）	实线 Continuous（剖面符号）	0.25mm
11	绿（3）	实线 Continuous（文本）	0.25mm

2. 按 1：1 比例设置 A3 图幅（横装 420mm×297mm）一张，留装订边，画出图纸边框线和图框线。

3. 按国家标准规定设置相关文字样式（样式名为"工程"样式，包含 gbenor.shx 和 gbcbig.shx 字体），画出并填写如图 8-57 所示的标题栏，不标注尺寸。

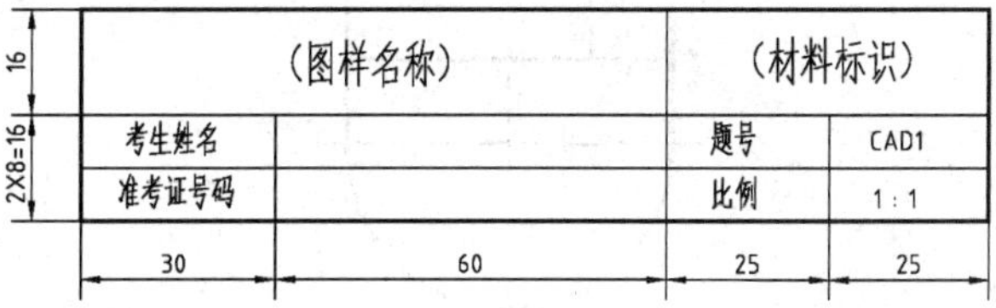

图 8-57　标题栏

4. 完成以上各项后，仍然以原文件名保存文件。

二、绘制平面图形（10 分）

打开图形文件"A2.dwg"，该文件已做了必要设置，用比例 1∶1 绘出图 8-58，不标注尺寸，作图结果以原文件名保存在考生文件夹中。（注：如果作图结果中有块，需要将其分解。）

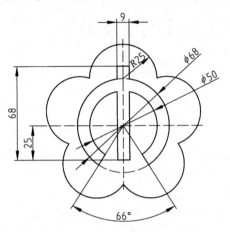

图 8-58　二维平面图

三、根据立体已知的两个投影绘出第三个投影（10 分）

如图 8-59 所示，作图前先打开图形文件"A3.dwg"，该文件已做了必要的设置，可直接作图，作图结果以原文件名保存在考生文件夹中。

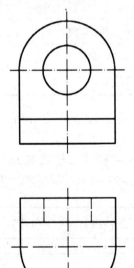

图 8-59　主视图和俯视图

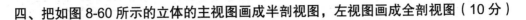

四、把如图 8-60 所示的立体的主视图画成半剖视图，左视图画成全剖视图（10 分）

绘图前先打开图形文件"A4.dwg"，该文件已做了必要的设置，可直接作图，主视图的右半部分取剖视。作图结果以原文件名保存在考生文件夹中。

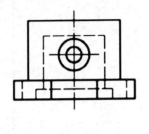
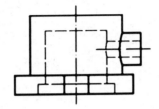

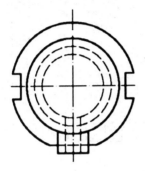

图 8-60　立体三视图

五、画零件图（见图 8-61）（50 分）

具体要求如下。

1．画 3 个视图（包括 *A-A* 断面图的标注）。绘图前先打开图形文件"A5.dwg"，该文件已做了必要的设置，可直接作图。

2．按国家标准的有关规定，设置零件图尺寸标注样式（样式名为"零件"）。

3．标注主视图的尺寸与表面结构代号（表面结构代号要使用带属性的块的方式来标注，块名为"Ra"，属性标签为"Ra"，提示为"Ra"）。

4．不用画图框及标题栏，不用标注标题栏上方的表面结构代号及"未注圆角…"等字样。

5．作图结果以原文件名保存在考生文件夹中。

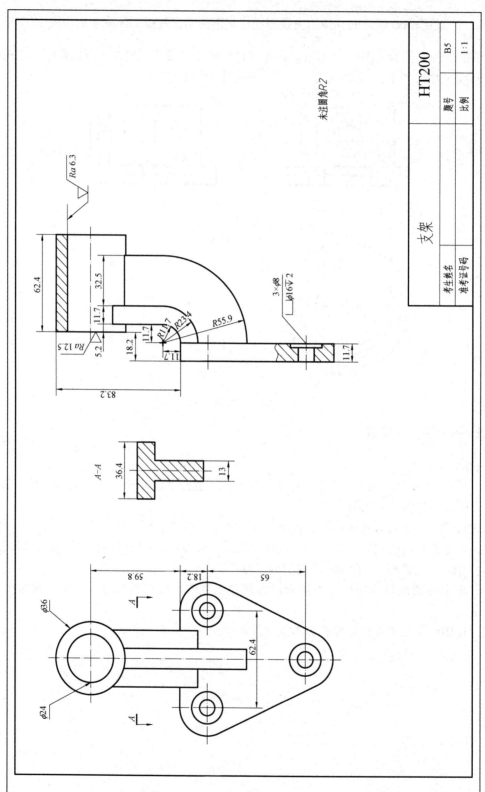

图 8-61　支架

六、将第三角投影视图改为第一角投影视图（见图 8-62）。（10 分）

具体要求如下。

1. 打开图形文件"A6.dwg"，文件中已提供了立体第三角投影的三视图。
2. 将立体第三角投影的三视图转换为第一角投影的三视图（主视图、俯视图、左视图）。
3. 作图结果以原文件名保存在考生文件夹中。

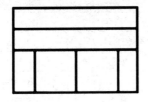

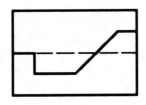 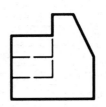

图 8-62　第三角投影图

附录 A AutoCAD 快捷命令及快捷键

表 A-1 二维绘图命令

命令	英文全称	快捷命令	命令	英文全称	快捷命令
点	POINT	PO	圆环	DONUT	DO
直线	LINE	L	填充三/四边形	SOLIED	SO
多段线	PLINE	PL	创建块	BLOCK	B
构造线	XLINE	XL	写入块	WBLOCK	W
多线	MLINE	ML	插入块	INSERT	I
样条曲线	SPLINE	SPL	表格	TABLE	TB
螺旋线	——	HELIX	定数等分	DIVIDE	DIV
射线	——	RAY	定距等分	MEASURE	ME
修订云线	——	REVCLOUD	图案填充	HATCH	H
徒手云线	SKETCH	SK	渐变色填充	GRADIENT	GD
追踪线	——	TRACE	创建边界	BOUNDARY	BO
多边形	POLYGON	POL	面域	REGION	REG
矩形	RECTANG	REC	多行文字	MTEXT	T
圆	CIRCLE	C	单行文字	TEXT	DT
椭圆	ELLIPSE	EL	属性定义	ATTDEF	ATT
圆弧	ARC	A	插入字段	——	FIELD

表 A-2 二维编辑命令

命令	英文全称	快捷命令	命令	英文全称	快捷命令
删除	DELETE	DE	查找替换	——	FIND
复制	COPY	CO	选择过滤	FILTER	FI
镜像	MIRROR	MI	快速选择	QSELECT	QSE
偏移	OFFSET	O	统计数量	COUNT	COU
阵列	ARRAY	AR	绘图次序	DRAWORDER	DR
经典阵列	ARRAYCLASSIC	AYC	隐藏对象		HIDEOBJECTS
移动	MOVE	M	隔离对象		ISOLATEOBJECTS
旋转	ROTATE	RO	显示对象		UNISOLATEOBJECTS
缩放	SCALE	SC	缩放文字		SCALETEXT
对齐	ALIGN	AL	剪裁	XCLIP	XC
拉伸	STRETCH	STR	图片剪裁		IMAGECLIP
拉长	LENGTHEN	LEN	区域覆盖	WIPEOUT	WI
修剪	TRIM	TR	选择性粘贴	PASTESPEC	PA
延伸	EXTEND	EX	插入对象	INSERTOBJ	IO
打断	BREAK	BR	加载程序	APPLOAD	AP
合并	JOIN	J	载入参照	XATTACH	XA

续表

命令	英文全称	快捷命令	命令	英文全称	快捷命令
编辑多段线	PEDIT	PE	参照管理	XREF	XR
分解	EXPLODE	X	载入文件	IMPORT	IMP
编组	GROUP	G	输出文件	EXPORT	EXP
倒直角	CHAMFER	CHA	发布	——	PUBLISH
倒圆角	FILLET	F	输入 PDF	——	PDFATTACH
格式刷	MATCHPROP	MA	输出 PDF	EXPORTPDF	EPDF
光顺曲线	BLEND	BLE	输出 JPG	JPGOUT	JP
清理垃圾	PURGE	PU	载入 WMF	——	WMFIN
删除重复对象	OVERKILL	OV	输出	——	WMFOUT

表 A-3　小键盘系列

命令	快捷键	命令	快捷键
查看系统帮助	F1	显示栅格	F7
命令文本框	F2	锁定正交	F8
对象捕捉	F3	捕捉（栅格）	F9
三维对象捕捉	F4	显示极轴	F10
等轴侧平面（俯/右/左）	F5	对象捕捉追踪	F11
动态 UCS	F6	动态输入	F12

表 A-4　Ctrl+组合系列

命令	快捷键	命令	快捷键
全屏显示	Ctrl+0	保存	Ctrl+S
修改特性	Ctrl+1	另存为	Ctrl+Shift+S
设计中心	Ctrl+2	打印	Ctrl+P
工具选项板	Ctrl+3	对象捕捉	Ctrl+F
快速计算器	Ctrl+8	显示栅格	Ctrl+G
隐藏命令栏	Ctrl+9	栅格捕捉	Ctrl+B
全选	Ctrl+A	锁定正交	Ctrl+L
复制	Ctrl+C	极轴开关	Ctrl+U
剪切	Ctrl+X	撤销	Ctrl+Z
粘贴	Ctrl+V	重做	Ctrl+Y
粘贴为块	Ctrl+Shift+V	插入超链接	Ctrl+K
打开	Ctrl+O	选择循环	Ctrl+W
新建	Ctrl+N	推断约束	Ctrl+Shift+I

参 考 文 献

[1] 袁宝玲，刘雪燕，王林林，等. 通信工程制图实例化教程[M]. 北京：清华大学出版社，2015.

[2] 李转运，李敬仕，徐启明，等. 通信工程制图（AutoCAD）[M]. 西安：西安电子科技大学出版社，2015.

[3] 解相吾，解文博. 通信工程设计制图[M]. 2 版. 北京：电子工业出版社，2015.

[4] 李立高. 通信线路工程[M]. 2 版. 西安：西安电子科技大学出版社，2015.

[5] 施扬，沈平林，赵继勇. 通信工程设计[M]. 北京：电子工业出版社，2012.

[6] 中华人民共和国工业和信息化部. 通信工程制图与图形符号规定：YD/T 5015—2015[S]. 北京：北京邮电大学出版社，2015.

[7] 杜文龙，乔琪. 通信工程制图与勘察设计[M]. 2 版. 北京：高等教育出版社，2019.

[8] 李转运，周永刚，徐启明，等. 通信工程制图（AutoCAD）[M]. 2 版. 西安：西安电子科技大学出版社，2019.

[9] 刘雪春，应力强，吕莹吉. 通信工程制图[M]. 北京：人民邮电出版社，2022.

[10] 于正永，张悦，华山. 通信工程制图及实训[M]. 4 版. 大连：大连理工大学出版社，2022.

[11] 罗建标. 通信线路工程设计、施工与维护[M]. 2 版. 北京：人民邮电出版社，2020.

[12] 刘林. 计算机辅助设计绘图员职业技能鉴定复习指导[M]. 3 版. 广东：广东高等教育出版社，2016.